Ratgeber für die Gründung elektrischer Überlandzentralen.

Von

Dipl.-Ing. A. Vietze,

Oberingenieur und Vorsteher der Elektrotechnischen Abteilung
des Verbandes der landwirtschaftlichen Genossenschaften der Provinz Sachsen
und der angrenzenden Staaten zu Halle a. S. E. V.

Berlin.
Verlag von Julius Springer.
1911.

ISBN-13:978-3-642-98159-3 e-ISBN-13:978-3-642-98970-4
DOI: 10.1007/978-3-642-98970-4

Softcover reprint of the hardcover 1st edition 1911

Ratgeber für die Gründung elektrischer Überlandzentralen.

Vorwort.

Das große Interesse, welches seit einigen Jahren die Einführung der Elektrizität auf dem platten Lande in allen Kreisen der Landbevölkerung gefunden hat, einerseits, und die sich zum Teil widersprechenden Berichte über die Wirtschaftlichkeit von im Betrieb befindlichen Überlandzentralen andererseits, lassen die Veröffentlichung der bisher auf diesem Gebiet speziell gesammelten Erfahrungen als sehr erwünscht erscheinen. Der heutige Mangel an erschöpfender Literatur ist erklärlich, wenn man bedenkt, daß die Überlandzentralenbewegung noch sehr jung ist, und die kurzen Betriebszeiten der bis heute erbauten Werke noch kein allgemein gültiges Urteil über ihre Rentabilität ermöglichten. Um so mehr ist anzuerkennen, daß die Landesbehörden bzw. die interessierten Genossenschafts-Verbände durch Einrichtung von elektrotechnischen Stellen nicht nur für eine sachverständige Beratung der landwirtschaftlichen Interessenten von Überlandzentralen sorgen, sondern auch eine Sammlung von Erfahrungswerten anstreben, die in Zukunft für die Elektrisierung des platten Landes maßgebend sein können. Die Bedeutung einer solchen unparteiischen, elektrotechnischen Beratungsstelle für die Landwirtschaft erkannte schon vor 2 Jahren der Direktor der Landwirtschaftskammer und des Genossenschaftsverbandes für die Provinz Sachsen, Herr Ökonomierat Dr. Rabe zu Halle a. S., zu einer Zeit, als gerade die ersten Anzeichen der Elektrizitätsbewegung in der Provinz Sachsen auftauchten. Auf seine Anregung hin gründete damals der Verband der landw. Genossenschaften eine elektrotechnische Abteilung für die Landwirtschaft der Provinz Sachsen. Diese Abteilung hat seit ihrem Bestehen an 10 heute im Betrieb bzw. im Bau befindlichen und an weiteren 10 im Projekt stehenden Überlandzentralen, welche an Umfang zusammen ca. das halbe Gebiet der Provinz Sachsen umfassen und ca. 1500 Ortschaften mit Strom versorgen, die dauernde Beratung ausüben können. Die Beratung der Abteilung besteht darin, die Interessenten aufzuklären, die Projekte vorzubereiten und auf ihre Wirtschaftlichkeit zu prüfen, Gesellschaften zu gründen, Verträge abzuschließen, bei Vergabe der Anlagen und Finanzierung der Unternehmungen mitzuwirken und Ihre Ausführung zu überwachen, Aufmaß und Abrechnung der Anlagen zu bewerkstelligen, Vorschläge für die Buchführung zu machen sowie monatliche Kontrolle der

Wirtschaftsergebnisse auszuüben und die Jahresstatistiken aufzustellen. Als Vorsteher dieser Abteilung habe ich Gelegenheit gehabt, die Verhältnisse der landwirtschaftlichen Überlandzentralen eingehend zu studieren, und habe im Auftrage des Herrn Ökonomierat Dr. Rabe die bisherigen Ergebnisse unserer Tätigkeit gesammelt und in vorliegendem Buche zusammengestellt.

Da sich meine Erfahrungen zum größten Teil auf genossenschaftliche Überlandzentralen stützen, so finden diese Werke naturgemäß eine bevorzugte Behandlung; die Verhältnisse der genossenschaftlichen Überlandzentralen lassen sich aber ohne weiteres verallgemeinern und treffen in vieler Beziehung auch für andere Gesellschaftsformen zu. Aus diesem Grunde habe ich trotz der besonderen Berücksichtigung von genossenschaftlichen Überlandzentralen den allgemeinen Titel „Ratgeber für die Gründung elektrischer Überlandzentralen" gewählt und glaube, mich dabei nicht dem Vorwurf einer tendenziösen Behandlung des Gegenstandes auszusetzen. Diesem Umstande habe ich auch dadurch Rechnung getragen, daß ich unter Kapitel „Entstehung einer Überlandzentrale" außer dem Statut einer Genossenschaft auch ein solches einer Aktiengesellschaft und einer G. m. b. H. aufgenommen habe.

Zu dem Inhalt meines Buches bemerke ich, daß ich mich in der Hauptsache auf Veröffentlichung solcher Arbeiten für die Gründung elektrischer Überlandzentralen, wie z. B. aufklärende Artikel, Verträge, Statuten, Stromlieferungsbedingungen, Tarife usw. beschränken will, die in den genossenschaftlichen Überlandzentralen der Provinz Sachsen Anwendung gefunden haben. Das ganze Material habe ich geordnet nach den Entwicklungsperioden eines elektrischen Unternehmens und mit erläuterndem Text versehen. In einem Anhang ist die mir bisher bekannt gewordene Literatur zur Frage der Überlandzentralen aufgenommen. Ich beabsichtige den Inhalt des vorliegenden Buches später durch Veröffentlichung der Betriebsergebnisse, statistischen Werte und Buchführungseinrichtung von Überlandzentralen zu vervollständigen und hoffe, daß meine Arbeit eine freundliche Aufnahme findet.

Ich danke hiermit allen Kollegen und Beamten unseres Genossenschaftsverbandes für die bereitwillige Unterstützung und für die Überlassung aller Unterlagen, insbesondere Herrn Dipl.-Ing. Kastendieck für seine Mitwirkung.

Halle a. S., im April 1911.

A. Vietze.

Inhaltsverzeichnis.

Erstes Kapitel.

Aufklärung der Interessenten.

1. Die Überlandzentralenbewegung.

Selten hat wohl ein Industriezweig irgendwo raschere Aufnahme gefunden als die Elektrotechnik seit einigen Jahren auf dem platten Lande. Fast gleichzeitig setzte in allen Teilen Deutschlands eine ungeahnt starke Elektrizitätsbewegung mit dem Augenblick ein, als die Elektrotechnik anzeigte, daß grundsätzlich das Problem der Kraftübertragung durch Anwendung von hochgespannten Drehströmen technisch gelöst sei und durch Bau von Überlandzentralen in die Praxis umgesetzt werden könne.

Träger dieser Elektrizitätsbewegung ist in erster Linie die Landwirtschaft, welche durch die stetig wachsende Leutenot auf dem Lande gezwungen wird, sich nach einer billigen und zweckmäßigen Hilfskraft umzusehen. Es besteht wohl kein Zweifel darüber, daß der Elektromotor infolge der Vielseitigkeit seiner Anwendungsarten sowie seines einzigartigen Anpassungsvermögens den Anforderungen und Bedürfnissen landwirtschaftlicher Betriebe am besten von allen vorhandenen Maschinenarten entspricht. Die Praxis hat auch schon den Beweis dafür erbracht, daß in Gegenden mit Elektrizitätsversorgung die Leutekalamität auf dem Lande bedeutend gemildert ist, weil einmal durch den Ersatz menschlicher Arbeitskräfte infolge maschinellen Betriebes Leute erspart werden, sodann aber auch Knechte und Mägde in Bauernhöfen mit bequemen maschinellen Betrieben seßhafter sind; dies kommt ganz besonders den kleinen und mittleren Wirtschaften zugute, welche auf heimisches Personal angewiesen sind.

Nächst dem Interesse, welches die Landwirtschaft an der Einführung der Elektrizität auf dem platten Lande bekundet, wirkte aber auch noch ein anderes Moment beschleunigend auf die Popularisierung der Überlandzentralenbewegung, nämlich die intensive Akquisition der Elektrizitätsfirmen auf dem Lande. Dies Vorgehen war bedingt durch die Depression, welche die elektrotechnische Konjunktur mangels genügender Beschäftigung der Elektrizitätsfirmen in der Industrie während der letzten Jahre erfahren hatte. Der Mangel an Aufträgen nötigte die Elektrizitätsfirmen, sich das neue Absatzgebiet der Überlandzentralen rasch zu erschließen.

Auf diese Weise begegneten sich zu gleicher Zeit die Interessen der Landwirtschaft und der Elektrizitätsindustrie, und die Folge war, daß in kurzer Frist zahlreiche Überlandzentralenprojekte in allen Teilen Deutschlands auftauchten.

Bei der Beurteilung der Berechtigung von Überlandzentralen sind zwei Fragen von ausschlaggebender Bedeutung:

Erstens: Ist die Verwendung der Elektrizität auf dem Lande als ein betriebswirtschaftlicher Fortschritt zu bezeichnen?

Zweitens: Erweisen sich die Überlandzentralen als rentable Unternehmungen?

Nach den hinreichenden Erfahrungen elektrischer Betriebe auf dem Lande muß die erste Frage bejaht werden. Erwiesenermaßen kommt die Elektrisierung des platten Landes mit Bezug auf die betriebswirtschaftliche Anwendung der Elektrizität einer Landesmelioration gleich, welche allen Klassen der Landbevölkerung weitgehende Vorteile bietet.

Die zweite Frage läßt sich nicht mit „ja“ oder „nein“ beantworten. Die Wirtschaftlichkeit einer Überlandzentrale hängt von einer Reihe von Faktoren ab, die in den Verhältnissen des Landes und der Gegend begründet sind und von Fall zu Fall geprüft werden müssen. Es gibt Gegenden und Bezirke, in welchen die Voraussetzungen für eine wirtschaftliche Durchführung großer Überlandzentralen heute noch nicht bestehen, und solche, in welchen bei planmäßiger Elektrisierung des Landes gute Erfolge erzielt werden können.

Hieraus folgt, daß es ebenso falsch ist, den Bau von Überlandzentralen bedingungslos zu unterstützen wie ihre Existenzberechtigung abzuleugnen.

Die wenig erfreulichen Berichte über die Wirtschaftlichkeit einiger in Betrieb befindlichen Überlandzentralen lassen keinen Zweifel über die Gefahren bestehen, welche bei falschen Voraussetzungen und planlosen Bauten den Beteiligten drohen. Zweifellos ist es der Elektrizitätsbewegung zuzuschreiben, daß die maßgebenden Stellen auf die Bedeutung einer großzügigen und rationellen Elektrisierung des platten Landes aufmerksam wurden, wodurch in vielen Fällen eine glückliche Lösung für die schwebende Elektrizitätsfrage gefunden werden konnte.

Aber das plötzliche und allgemeine Auftreten der Elektrizitätsbestrebungen bedeutet eine nicht geringe Gefahr für ihre gedeihliche Weiterentwickelung. Es ist erklärlich und nachweisbar, daß bei dem heutigen Tempo der Überlandzentralenbauten in vielen Fällen nicht die erforderliche Vorsicht und Sorgfalt angewandt wird; dies ist leider um so eher möglich, als den Interessenten die Bedingungen für die Wirtschaftlichkeit von landwirtschaftlichen Überlandzentralen noch nicht genügend bekannt sind. Es tauchen häufig ein Dutzend und mehr Projekte in einer Gegend auf, die in ihrem ganzen Umfange vielleicht gerade ausreicht, um eine einzige Überlandzentrale lebensfähig zu machen. Öfter werden dann bei der Verwirklichung der Projekte weniger die Interessen des Landes und seiner Bewohner als die eines Privatunternehmers oder einer Firma wegen etwa geleisteter Vorarbeiten usw. wahrgenommen. Die erstgegründeten Zentralen haben in dieser Beziehung schon schwere Kinderkrankheiten durchgemacht, und es ist nicht leicht, sie nachträglich zu sanieren.

Es sollte eigentlich selbstverständlich sein, daß derartige falsch angelegte Werke bei der Beurteilung der Existenzberechtigung von Überlandzentralen ausgeschaltet werden; das geschieht aber leider nicht, und es ist notwendig, an dieser Stelle dagegen zu protestieren, daß gewisse Firmenkreise, deren Interessen durch den Bau von Überlandzentralen beeinträchtigt werden, gerade solche Beispiele herausgreifen und verallgemeinern, wobei sie sich teilweise in geradezu gewissenloser Weise jeden Kommentars und der Begründung der Verhältnisse enthalten.

Das folgende Beispiel mag genügen, um zu zeigen, auf welche unverantwortliche Weise häufig Überlandzentralen zustande gekommen sind, und daß es gewiß unrentable Überlandzentralen gibt, deren Unwirtschaftlichkeit aber durch die Eigenart der Verhältnisse völlig zu erklären ist.

Der Besitzer einer Wassermühle beabsichtigt für seinen Betrieb eine elektrische Anlage einzurichten. Der hiervon benachrichtigte Agent für elektrische Anlagen macht den Müller auf den gewinnbringenden Anschluß einiger Ortschaften in der Umgebung an sein Werk aufmerksam und versteht es, zunächst den Müller für ein derartiges Unternehmen zu gewinnen, wobei er sich von vornherein schriftlich den konkurrenzlosen Auftrag auf die Maschinenzentrale im Falle des Gelingens vom Müller sichert. Müller und Agent ziehen auf die Dörfer und agitieren für eine Überlandzentrale; da der Müller bekannt ist und auch seine Freunde hat, sind die Bemühungen nicht erfolglos. Die Nachrichten von einem zweiten Überlandzentralenprojekt, welches in nächster Nähe auftaucht, spornen Müller und Agent zur Eile an, um diesem Konkurrenzunternehmen zuvorzukommen und das lohnende Projekt bzw. den Auftrag in Sicherheit zu bringen.

Es wird eine Leitungs-Gesellschaft von den Interessenten einiger Ortschaften gegründet; die Leitungs-Gesellschaft schließt unter Assistenz des Agenten mit dem Müller einen langjährigen Strom-Lieferungsvertrag ab, der den Müller hinreichend für seine Agitationsarbeiten entschädigt.

Die Leitungsüberlandzentrale läßt sich im guten Glauben an die in Aussicht gestellte Wirtschaftlichkeit des Unternehmens überreden, dem Agenten, welcher das Unternehmen ins Leben gerufen hat, auf Grund eines ungeprüften Kostenanschlages den Auftrag auf die gesamte Leitungsanlage zu erteilen.

Ohne Rücksicht auf die Wirtschaftlichkeit der Anlage werden nun der Gesellschaft sehr niedrige Strompreise für die Konsumenten vorgeschlagen, welche eine rasche Anschlußbewegung sichern sollen; in der Regel dient ein Stromtarif irgend eines anderen Elektrizitätswerkes als Grundlage; um Kosten zu sparen, wird der Agent, der seine Dienste stets kostenlos anbietet, dauernd zu Rate gezogen. Die Anlage kommt in Betrieb, und alle Interessenten sind befriedigt über die hohen Vorzüge und die Billigkeit der Elektrizität. Doch der erste Jahresabschluß öffnet ihnen die Augen; die Einnahmen bleiben weit hinter den Ausgaben zurück; die Verluste müssen durch hohe Zuschüsse der Mitglieder gedeckt werden; der beratende Agent empfiehlt schleunige Erweiterung des Netzes, um den Konsum zu erhöhen; die für die Erweiterung noch in Frage kommenden Ortschaften nutzen ihre Position aus und schließen sich nur bedingungsweise, jedenfalls ohne Kapitalbeteiligung an; die Konkurrenz von seiten benachbarter Überlandzentralen zwingt die Leitungs-Gesellschaft zur Bewilligung von Ausnahmetarifen usw., das Anlagekapital wächst, und mit ihm wachsen die Schulden und die Zinsenlast. Nun kommen die so arg Geschädigten zur Einsicht und wenden sich an einen unparteiischen Sachverständigen; in solchen Fällen wird eine Sanierung nur möglich sein durch Erhöhung der Einzahlungen und der Strompreise; häufig aber bleibt nur der Konkurs übrig.

So endet die hoffnungsfreudig begonnene Elektrizitätsbewegung der davon betroffenen Gegend.

Es ist zweifellos bedauerlich, daß ähnliche Fälle, wie vorstehend geschildert, vorkommen; noch bedauerlicher ist es aber, daß derartige unmaßgebliche Objekte von gewisser Seite dazu benutzt werden, um die volkswirtschaftlich so bedeutungsvolle Elektrizitätsbewegung auf dem Lande in Mißkredit zu bringen.

In erster Linie ist es dem tatkräftigen Eingreifen der Behörden, insbesondere der Landräte zu verdanken, daß neuerdings sozusagen unlautere Gründungen verhütet werden, und die Elektrizitätsbewegung auf dem Lande in ruhigere und gesundere Bahnen gelenkt worden ist. An Stelle der Hast und Überstürzung hat unter dem Schutz der Behörden eine nüchterne und kritische Beurteilung der Verhältnisse Platz gegriffen. Damit ist nicht nur der Landwirtschaft, sondern auch der Elektroindustrie ein unermeßlicher Dienst erwiesen worden. Wenn es durch die neuerdings beobachtete Vorsicht bei der Projektierung der elektrischen

Unternehmungen auf dem Lande gelingt, wirtschaftliche Zentralen zu begründen, so ist dadurch der Boden für ein rasches und starkes Emporblühen der Elektrotechnik auf dem Lande geschaffen. Es darf hiernach erwartet werden, daß die Bestrebungen der Behörden auch bei den Elektrizitätsfirmen Unterstützung finden.

Unter den heutigen Verhältnissen gewinnt der Einfluß der Behörden auf die Durchführung von Überlandzentralen eine ganz besondere Bedeutung, wenn man die notwendige Entwicklung der Kraftübertragung für die Zukunft ins Auge faßt. Die durch den stetig wachsenden Konkurrenzkampf erzwungene Forderung einer erhöhten Kräfteausnutzung führt immer mehr zur Zentralisation der Arbeitskräfte; die Überlandzentralen mit ihren weitausgedehnten Netzen, die an einer Stelle viele tausend Pferdestärken erzeugen und auf 100 km und weiter fortleiten, sind leistungsfähiger und werden in Zukunft billiger arbeiten können als kleine Elektrizitätswerke und sogenannte Ortszentralen.

Eine Ortszentrale, welche ihren Wirkungskreis in der Regel auf die Einwohner eines einzigen Ortes beschränkt, wird zweckmäßig mit niedrig gespanntem Gleichstrom ausgeführt. Diese Stromart ist deshalb zu wählen, weil sich nur der Gleichstrom in sogenannten Akkumulatorenbatterien aufspeichern läßt und aus diesen bei Nacht und anderen Zeiten geringen Konsumbedarfs ohne Mitwirkung der Maschinen abgegeben werden kann. Die Ausdehnung einer solchen Ortszentrale kann 1 bis 2 km nicht gut überschreiten. Nach den vorliegenden Erfahrungen rentieren Ortszentralen, auch wenn sie teilweise schon städtischen Charakter tragen, im allgemeinen nur, wenn sie sich als Nebenbetrieb im Anschluß an eine vorhandene Wassermühle, Ziegelei, Molkerei oder sonstige Fabrik einrichten lassen. Abgesehen von den hohen Preisen ist eine Ortszentrale auch infolge ihrer geringen Leistungsfähigkeit nicht in der Lage, den erhöhten Anforderungen, welche sowohl die Landwirtschaft als auch das Kleingewerbe und die Industrie auf dem Lande heute schon an die Elektrotechnik stellen, gerecht zu werden. In der Hauptsache muß sich eine Ortszentrale auf die Lieferung von Strom für Beleuchtungszwecke und Kleinmotoren beschränken; damit ist aber den Interessen der Landbewohner nicht gedient, denn die wirtschaftliche Bedeutung der Elektrizität beruht in einer intensiven Ausnutzung derselben für alle Arbeiten, insbesondere für die größeren Kraftbetriebe.

Aus diesen und auch noch aus folgenden wichtigen Erwägungen dürfte es sich empfehlen, für die Zukunft den Bau von Ortszentralen auf dem platten Lande nach Möglichkeit einzuschränken. Falls in einem Bezirk mit mehreren größeren Ortschaften diese ihre eigenen Zentralen bauen, so fallen nach Versorgung dieser Ortschaften, welche die Hauptkonsumenten des Bezirkes bilden, die Voraussetzungen für die Wirtschaftlichkeit einer Überlandzentrale für den beteiligten Bezirk fort. Da nun die Ortszentralen wegen der verwandten Gleichstromart auch meist nicht in der Lage sind, den benachbarten Orten Strom zu liefern, und andererseits kleine Orte die Kosten einer eigenen Zentrale schwerlich tragen können, so ist allen kleineren Orten dieses Bezirkes für lange Zeiten die Möglichkeit, Elektrizität zu erhalten, abgeschnitten, und es bleiben auf diese Weise einem großen Teil der Landwirtschaft und der übrigen Landbevölkerung die Vorteile der Elektrizität vorenthalten.

Im dringendsten Interesse der gesamten Landbevölkerung liegt somit der Gedanke, die Ortszentralen zugunsten einer gesunden Überlandzentrale fallen zu lassen. Überall da, wo ohne Rücksicht auf diese Gesichtspunkte neue Elektrizitätswerke entstehen, kann der Entwickelung einer wirtschaftlichen Elektrizitätsversorgung der Boden genommen werden, was nicht im Interesse eines gedeihlichen Fortschritts aller Gewerbe auf dem Lande liegt. Es ist also ein Glück zu nennen, daß die Behörden und die Regierung die Bedeutung der Elektrizitätsbewegungen zu einer Zeit erkannt haben, wo in den meisten Gegenden noch die Möglichkeit gegeben ist, unter Ausschaltung kleiner unrentabler Werke eine großzügige, einheitliche und wirtschaftliche Elektrisierung des platten Landes in die Wege zu leiten.

Der einheitlichen Durchführung der Elektrisierung des platten Landes setzen sich naturgemäß eine Reihe Widerstände entgegen. Es treten ganz abgesehen von den teilweise eigennützigen Bestrebungen der beteiligten Elektrizitätsfirmen oder Privatunternehmer fast überall Sonderinteressen der in Frage kommenden Ortschaften und Einwohner auf, die häufig sehr schwer zu überwinden sind. Hierzu kommt der Umstand, daß sich oft auch größere benachbarte Bezirke infolge ungleichartiger Verhältnisse von Landwirtschaft und Industrie einer gemeinsamen Versorgung abgeneigt zeigen. Ferner muß bei der Wahl und Begrenzung des Stromversorgungsgebietes auf eine billige Stromerzeugungsstelle Rücksicht genommen werden, eine Frage, die häufig ebenfalls große Meinungsverschiedenheiten hervorruft. Schließlich darf nicht vergessen werden, daß heute meist schon eine Anzahl der verschiedenartigsten Projekte von Orts- und kleineren Überlandzentralen schweben, an welche Gemeinden und Interessenten durch voreilig abgeschlossene Konzessionsverträge schon gebunden sind.

Um all diesen Schwierigkeiten erfolgreich begegnen zu können, muß in erster Linie eine gründliche Aufklärung der beteiligten Interessenten, insbesondere der Landwirte betrieben werden. Die Aufklärungsarbeit muß allen weiteren Schritten vorangehen; denn nur dann kann das Unternehmen gedeihen, wenn es von dem Interesse der Beteiligten getragen wird und in jedem Interessenten eine sichere und zuverlässige Stütze findet.

Folgendes Beispiel mag für diese Ausführungen dienen: In einer Gegend, welche sich etwa über zwei preußische Landkreise ausdehnt, schwebten vier zunächst voneinander unabhängige Projekte: eins wurde von einer Elektrizitäts-Firma betrieben, ein anderes von einem Unternehmer, ein weiteres von dem Besitzer einer Ortszentrale und schließlich das vierte von einer benachbarten kleinen Überlandzentrale. Jeder von den vier Vertretern bestand natürlich auf Durchführung seines Projektes und fand dabei einen gewissen Anhang. Solange die Interessengebiete noch hinreichenden Abstand voneinander besaßen, ging die Agitation ungestört vor sich; das änderte sich aber in dem Augenblick, als die Unternehmer bei der Erweiterung ihres Bezirkes aufeinanderstießen. Es entwickelte sich ein Streit, der in Versammlungen und Zeitungen zum Austrag kam und deutlich die Unklarheit der Verhältnisse und den Mangel an Aufklärung der Interessenten wiederspiegelte. Auf Anregung einiger Gutsbesitzer griffen die Landräte der beiden Kreise in die Bewegung ein. Es wurden in allen größeren Ortschaften der Kreise aufklärende Vorträge abgehalten, und es gelang trotz der schwierigen Situation, zunächst die Sonderinteressen der Unternehmer auszuschalten und alsdann nach gründlicher Prüfung der Verhältnisse die Basis zu einem einheitlichen und gesunden Unternehmen zu schaffen.

Eine wichtige Frage bei dem Entwurf von Überlandzentralen-Projekten besteht nun naturgemäß darin, welche Stellungnahme den Interessenten insbesondere der Landwirtschaft und den Gemeinden und Kreisverwaltungen zu der finanziellen Beteiligung an den Elektrizitätsunternehmungen auf dem Lande zu empfehlen ist. Zunächst steht fest, daß die Landwirtschaft sich noch in der Entwickelung ihrer maschinellen Einrichtungen befindet und die Elektrizität nur dann in vollem Maße ausnutzen kann, wenn ihr der elektrische Strom insbesondere für Kraftzwecke zu annehmbaren Preisen zur Verfügung gestellt wird. Einen Anspruch auf Strompreisvergünstigungen kann aber die Landwirtschaft einem Elektrizitätswerk gegenüber deshalb im allgemeinen nicht geltend machen, weil die landwirtschaftlichen Kraftbetriebe im Gegensatze zu industriellen keine besonders wirtschaftliche Ausnutzung der Elektrizitätswerke bedeuten. Es ist hinreichend bekannt, daß die Landwirtschaft die Elektrizität in der Hauptsache nur wenige Monate im Jahre benutzt, während die Industrie Tag für Tag das ganze Jahr hindurch fast gleichmäßig ihre elektrischen Maschinen anwendet.

Elektrizitätsunternehmungen mit kapitalistischer Tendenz sind naturgemäß darauf angewiesen, die Stromtarife ausschließlich mit Rücksicht auf eine lukrative Ausbeute der Werke festzusetzen; solche Werke müssen deshalb in erster Linie für Stromabsatz an industrielle Konsumenten sorgen, während der Anschluß landwirtschaftlicher Betriebe meist nur in beschränktem Maße erwünscht ist. Eine Einschränkung des landwirtschaftlichen Konsums wird aber in einfacher Weise durch entsprechende Normierung der Strompreise erzielt; meist werden Rabatte auf hohe Benutzungszeiten der angeschlossenen Motoren gewährt, die nur von der Industrie, aber nicht von der Landwirtschaft erreicht werden können. Da diese Tarifpolitik der Privatunternehmungen vom kaufmännischen Standpunkt der Werke aus betrachtet als durchaus berechtigt anerkannt werden muß, so ergibt sich, daß die Landwirtschaft ihre Interessen nur wahren kann, wenn sie selbst bzw. ihre Interessenvertretung Träger und Leiter der Elektrizitätsunternehmungen auf dem Lande wird oder sich wenigstens durch Übernahme eines gewissen Risikos an den Unternehmungen auch ein Recht und einen Einfluß auf die Preisstellung der Elektrizität für die Zukunft sichert. Die heutigen Bestrebungen decken sich mit vorstehenden Ausführungen.

In den meisten Fällen empfiehlt sich die Gründung einer Gesellschaft, welche sich aus den Interessenten, Gemeinden und Kreisen des Versorgungsgebietes zusammensetzt. Die Wirtschaftlichkeit einer Überlandzentrale mit gesellschaftlicher Basis, bei welcher die Mitglieder gleichzeitig Besitzer und Konsumenten sind, zerfällt gewissermaßen in zwei Teile, einmal in die Wirtschaftlichkeit des Werkes und zweitens in diejenige aller an die Zentrale angeschlossenen Licht- und Kraftanlagen der Mitglieder. Wenn nun z. B. auch in den ersten Betriebsjahren die Zinsen der von den Mitgliedern eingezahlten Aktien bzw. Anteile ausbleiben, so kann die gesamte Wirtschaftlichkeit solcher Anlage für die Beteiligten des Bezirkes noch keine ungünstige genannt werden, wenn die angeschlossenen Mitglieder als Konsumenten billigen Strom bezogen und sich hierdurch Vorteile in ihren eigenen Betrieben verschafft haben.

Vorbedingung für die Gründung aller Überlandzentralen bleibt die gewissenhafte und eingehende Durchführung von Vorerhebungen und Rentabilitätsberechnungen unter Ausschaltung aller Sonderinteressen. Es wird, wie schon hervorgehoben wurde, in gleichem Maße für die Landwirtschaft und die Elektroindustrie von Vorteil sein, wenn künftig eine sichere Basis für die elektrischen Unternehmungen auf dem Lande geschaffen wird, damit die Wirtschaftlichkeit nicht ausbleibt und das Vertrauen und der behördliche Schutz den Überlandzentralen erhalten werden.

Bei dem fast gleichzeitigen Auftreten der Elektrizitätsbewegungen in allen Teilen Deutschlands darf es nicht wundernehmen, daß die Formen dieser Unternehmungen in den verschiedenen Gegenden verschiedenartig ausgefallen sind. Hier ist die „Aktien-Gesellschaft“, dort die „Gesellschaft mit beschränkter Haftung“ oder der „Gemeindeverband“ und in Preußen, vornehmlich in der Provinz Sachsen, die „eingetragene Genossenschaft mit beschränkter Haftpflicht“ zur

Basis der Elektrizitätsunternehmungen gemacht. Die von Privatunternehmern oder Elektrizitätsfirmen unter Ausschluß der Konsumenten bzw. deren Interessenvertretung gegründeten Überlandzentralen fallen nicht in den Rahmen dieser Betrachtungen und werden deshalb außer acht gelassen.

In erster Linie ist für die Wahl der Gesellschaftsform naturgemäß deren Verbreitung bestimmend, da das Vertrauen zum Unternehmen wesentlich von der Kenntnis und Erfahrung der Interessenten mit der Organisation der gewählten Gesellschaftsform abhängt. Die Art der Gesellschaft ist für die Wirtschaftlichkeit der Elektrizitätsunternehmungen auch nicht in erster Linie ausschlaggebend, vielmehr bietet jede Gesellschaftsform, die A.-G., die G. m. b. H. und die eingetragene Genossenschaft ihre speziellen Vorteile.

Eine Vorbedingung von eminenter Bedeutung sollte aber keiner Überlandzentrale mehr fehlen, das ist die Beteiligung von Landgemeinden, Städten, Kreisen und ev. der Provinz. Es ist nicht notwendig, daß die Überlandzentralen ausschließlich Kommunalwerke werden; wenn wenigstens die Beteiligung der Kommunen an den Unternehmungen in gewisser Hinsicht erreicht wird, so ist für die Stabilität und gedeihliche Entwickelung der Werke schon sehr viel gewonnen. Durch Beitritt der für die Elektrizitätsversorgung in Frage kommenden Kreise und Gemeinden erhalten die Elektrizitätsunternehmungen auf dem Lande ein festes Rückgrat, es werden dadurch Mitglieder gewonnen, welche nie sterben oder in Konkurs geraten, die also unter allen Umständen Mitglieder bleiben.

Im Hinblick auf die Gemeinnützigkeit der Elektrizitätsunternehmungen auf dem Lande und ihre hohe Bedeutung für die Weiterentwickelung der Landwirtschaft war zu erwarten, daß die Behörden diese Bestrebungen unterstützten; ist doch von hoher Stelle aus die Einführung der Elektrizität auf dem platten Lande als eine Landesmelioration allerersten Ranges bezeichnet. In der Provinz Sachsen hat man neuerdings die Beteiligung der Kommunen in den Elektrizitätsgenossenschaften zum Prinzip gemacht, und es ist in erster Linie der tatkräftigen Unterstützung der Landräte zu verdanken, daß bei den neuen Elektrizitätsgenossenschaften fast ausnahmslos dieses Ziel erreicht wird.

Es hat sich gezeigt, daß auch die Anschlußbewegung in den Überlandzentralen durch die Beteiligung der Kommunen in hervorragender Weise gefördert wird; außerdem sind von vornherein die Bedingungen für den planmäßigen Ausbau eines einheitlichen Werkes von hinreichender wirtschaftlicher Ausdehnung gegeben; Zersplitterung der Versorgungsgebiete in unrentable Gebilde von kleinen Überlandzentralen oder Ortszentralen wird vermieden; der Bezirk, welcher von der Überlandzentrale versorgt werden soll, braucht nicht erst wie früher von den Interessenten erkämpft oder mit hohen Kosten erkauft zu werden, sondern wird von den Kreisen und Gemeinden zur freien Verfügung gestellt. Die Gemeinden, Städte und Landkreise bringen noch etwas überaus Wichtiges und Bedeutungsvolles in die Überlandzentralen mit, nämlich die Straßen und Wege. Alle die Schwierigkeiten und Kosten, welche früher den Überlandzentralen durch die Einholung von Konzessionen für die Benutzung von Wegen erwuchsen, sind damit zum größten Teil beseitigt; die Projektierung der Leitungsnetze kann mit der für die Wirtschaftlichkeit der Überlandzentralen erforderlichen, weitgehendsten Sparsamkeit vorgenommen werden.

Die verschiedenen Arten der Überlandzentralen zerfallen in Überlandzentralen mit eigener Kraftstation, Leitungs- bzw. Strombezugs-Gesellschaften und Orts- bzw. Konsumgesellschaften. Die erstgenannte Klasse der Überlandzentralen übernimmt sowohl die Stromerzeugung in einer eigenen Kraftstation als auch die Fortleitung und Verteilung an die Konsumenten; die zweite Klasse von Überlandzentralen, die Leitungs- oder Strombezugs-Gesellschaften, bezieht den Strom von einem größeren industriellen Werke, einer Kohlengrube oder einem städtischen bzw. anderen Elektrizitätswerk und führt die Elektrizität in eigenen Fernleitungen und Ortsleitungsnetzen mit Transformatorenstationen den Konsumenten zu; die dritte Klasse, die Orts- oder Konsumgesellschaften, baut, wie der Name schon sagt, lediglich das Ortsnetz mit oder ohne Transformatorenstationen und nimmt den Strom von der am Ort vorbeiführenden Fernleitung ab.

Die Ansichten über die Vor- und Nachteile der genannten Arten von Überlandzentralen sind noch sehr geteilt. Aus folgenden Gründen scheint aber die Trennung von Kraftstation und Leitungsanlage empfehlenswert zu sein. Eine besondere Schwierigkeit bereitet zunächst naturgemäß bei der Gründung einer Überlandzentrale, wie bei allen Unternehmungen von solchem Umfange, die Finanzierung. Da von dem Ausfall derselben aber nach Erfahrung in erster Linie die Wirtschaftlichkeit der Elektrizitätsunternehmungen auf dem Lande abhängt, so muß Wert darauf gelegt werden, daß das Baukapital so niedrig wie möglich gehalten wird; dies kann aber z. B. geschehen, wenn die örtlichen Verhältnisse es ermöglichen, die Elektrizität von einem selbständigen Werke zu beziehen, und auf diese Weise den Interessenten die Kosten einer eigenen Kraftstation erspart werden. Durch die Trennung von Kraftstation und Leitungsnetz wird die Finanzierung in zwei Teile geteilt, von welchen ein Teil auf den Besitzer der Kraftstation entfällt. Die Kosten der Zentralstation können immerhin auf 25 bis 30 % des Anlagekapitals einer Überlandzentrale veranschlagt werden. Außerdem ist zu bedenken, daß die sachgemäße Verwaltung und Bedienung der

Kraftstation einer Überlandzentrale eine gute technische und kaufmännische Aufsicht und Kontrolle erfordert, die den leitenden Organen des Unternehmens ihr Amt wesentlich erschwert bzw. die Verwaltungskosten erhöht. Den Ausschlag gibt aber wohl der Umstand, daß durch den Anschluß einer Leitungsgesellschaft an ein industrielles Werk von selbst der für die Wirtschaftlichkeit notwendige Ausgleich in der Beanspruchung der Maschinenlage gegeben ist. Der industrielle Konsument, welchen die Überlandzentralen mit eigener Zentrale erst suchen müssen, um für ihre Maschinen ständig Arbeit zu schaffen, wird bei Leitungsgesellschaften von der Kraftstation selbst repräsentiert, so daß Hand in Hand mit einer billigen Stromerzeugung auch eine billige Stromabgabe erzielt werden kann. In der Provinz Sachsen ist im Laufe der letzten Jahre den Leitungsgenossenschaften die Elektrizitä in Form von Hochspannung von verschiedenen Werken zum Preise von durchschnittlich 5 bis 6 Pf. pro KW-Stunde zur Verfügung gestellt worden.

Was nun die Orts- oder Konsumgesellschaften anbetrifft, so sind sie einerseits infolge ihres geringen Konsums meist nicht in dem Maße wie die großen Leitungsgesellschaften in der Lage, vorteilhafte Strombezugsverträge abzuschließen; andererseits schreitet hierbei die Verallgemeinerung der Elektrisierung auf dem platten Lande nicht so weit vor wie bei der Leitungsgesellschaft, da es manchem kleinen Ort schwer wird, allein auf eigene Kosten ein Ortsnetz mit Transformatorenstationen zu erbauen.

Aus den vorstehenden Gründen scheint die Form der Leitungs- bzw. Strombezugsgesellschaft von den genannte drei Arten die beste Aussicht auf Rentabilität und Verbreitung zu besitzen. Es ist jedenfalls ratsam, in allen Fällen von dem Bau einer eigenen Zentrale abzusehen, wo sich die Möglichkeit bietet, einen vorteilhaften Anschluß an ein vorhandenes Werk zu bewerkstelligen.

Die bisherigen praktischen Erfahrungen auf dem Gebiete der landwirtschaftlichen Überlandzentralen können zwar noch nicht als abgeschlossen bezeichnet werden; immerhin lassen auch die wenigen Betriebsjahre der gebauten Werke schon die Hauptschwierigkeiten erkennen, welche sich für die Rentabilität ergeben. Es ist schon hervorgehoben worden, daß der Landwirt ein schlechter Konsument für ein Elektrizitätswerk ist; daran wird sich auch in Zukunft selbst bei Einführung des elektrischen Pfluges nicht allzu viel ändern; man muß also auch bei Neuanlagen mit diesem Faktor rechnen.

Es fragt sich nun: Welche Gesichtspunkte sind beim Bau und Betrieb landwirtschaftlicher Überlandzentralen künftig zu beachten, um bessere Resultate zu erzielen, als bisher häufig zu verzeichnen waren?

Die nachfolgenden Ausführungen gelten sowohl für Gesellschaften mit eigener Zentrale als auch für Leitungs- oder Ortsgesellschaften.

Als erste Vorbedingung für die Entstehung einer Überlandzentrale muß die Festlegung und Sicherung hinreichender Ausdehnungsfähigkeit des Stromversorgungsgebietes bezeichnet werden. Je weitere Kreise die Stromversorgung umfassen kann, um so eher bietet sich die Möglichkeit, die einseitigen landwirtschaftlichen Belastungsverhältnisse der Zentrale durch andere Betriebe auszugleichen. Es ist zu erwarten, daß künftig in noch höherem Maße als bisher Städte und Industrie sich der Überlandzentralenbewegung anschließen, da die Vorteile der großen Zentralen auch ihnen zugute kommen. Es gibt aber auch eine wirtschaftliche Grenze für die Ausdehnung der Überlandzentralen, welche, abgesehen von besonderen Fällen, durch die Stromverluste sowie die Bedienungs- und Unterhaltungskosten bedingt ist. In der Provinz Sachsen umfassen die neueren Überlandzentralen meist Gebiete mit einem Radius von 50 bis 60 km bei einer Spannung von 15000 Volt. Diese Ausdehnung scheint nach den bisherigen Erfahrungen rationell zu sein.

Ein weiterer Grundsatz für den Bau von Überlandzentralen muß darin bestehen, die Anlagen mit den technisch einfachsten und deshalb billigsten Mitteln herzustellen, um an Anlagekapital zu sparen. Die Wirtschaftlichkeit der Anlage darf nie bei der technischen Ausgestaltung außer acht gelassen werden. Der erste Ausbau ist außerdem sowohl hinsichtlich der Bemessung der Maschinenaggregate als auch der Leitungsquerschnitte allerdings unter Berücksichtigung späterer Erweiterungen auf den zunächst angemeldeten Konsum zu beschränken, damit vor allem für die ersten Betriebsjahre jedes überflüssige Baukapital vermieden wird. Die ersten Jahre sind für jedes Elektrizitätswerk, ganz besonders aber für landwirtschaftliche Überlandzentralen, die schlimmsten; man muß bedenken, daß die Landwirtschaft teilweise doch schon maschinell eingerichtet ist, und daß es immer eine geraume Zeit dauert, bis die vorhandenen Lokomobilen und sonstigen Kraftmotoren der Elektrizität wegen verkauft oder zum alten Eisen getan werden; außerdem ist der Landwirt bekanntlich sehr sparsam und mit Recht zurückhaltend gegenüber Neuerungen; kurzum, der Konsum auf dem Lande wächst sehr langsam an. Aber nichts ist gefährlicher für die Entwickelung einer Überlandzentrale, als wenn in den ersten Jahren größere Unterbilanzen vorkommen, die meist auf hohe Zinsenlasten durch die angeliehenen Kapitalien zurückzuführen sind; es soll dabei nicht etwa der Ausfall der Verzinsung von Geschäftsanteilen gemeint sein — damit wird von vornherein in den ersten Jahren gerechnet werden — sondern Verluste, die etwa eine Erhöhung der Geschäftsanteile der Mitglieder oder Nachzahlungen in anderer Form notwendig machen. Die Mitglieder werden zahlen, aber das Vertrauen geht verloren, und die Konsumbewegungen sind auf einem toten Punkt angekommen. Darum muß die größte Sparsamkeit bei dem ersten Ausbau der Anlage angewendet werden. Sind die ersten Jahre gut überwunden, so wird es nicht an Stromabsatz und Mitteln für Erneuerungen und Erweiterungen fehlen.

Die dritte Frage, von deren Lösung die Wirtschaftlichkeit einer Überlandzentrale in hohem Maße abhängt, ist die Finanzierung. Als wichtigster Grundsatz hierfür gilt: Möglichst wenig und möglichst billiges fremdes Kapital. Am besten wäre es, wenn die Gesellschaften das ganze Kapital mit eigenen Mitteln aufbrächten; sie könnten dann nach freiem Ermessen die Verzinsung und Amortisation mit den Preisen für Licht und Kraft in Einklang bringen. Das läßt sich aber bei den bedeutenden Kapitalien, die für die Errichtung von neuen Überlandzentralen erforderlich sind, leider nicht ganz erreichen. Es darf hierbei nicht vergessen werden, daß den Mitgliedern der Gesellschaften durch die Installationen in ihren Häusern schon hohe Kosten entstehen. Trotzdem sollte von den Gesellschaften nach Möglichkeit die Hälfte, mindestens aber $1/3$ des Anlagekapitals selbst aufgebracht und nur der Rest angeliehen werden. Das eigene Kapital ist immer das billigste und gewährt dem Unternehmen eine solide Basis; es dient als Ausgleich bei dem Jahresabschluß, da die Verzinsung desselben gesetzlich erst erfolgen darf, wenn Überschüsse vorhanden sind.

Weiterhin muß möglichst Bedacht auf billige Geldquellen für die Anleihen genommen werden. In dieser Beziehung ist im Laufe der letzten Jahre sehr viel von den Überlandzentralen erreicht worden. Die Provinz Westfalen hat sich bei der Überlandzentrale Minden-Ravensberg G. m. b. H. mit 300 000 M direkt beteiligt. Bei den bezüglichen Verhandlungen im Provinziallandtag hob der Landeshauptmann hervor, „die Zuführung der elektrischen Kraft sei ein ganz hervorragendes Mittel zur Pflege der wirtschaftlichen Wohlfahrt auf dem Lande, und ein solches Unternehmen sei umsomehr einer Förderung würdig, als es sich zum Ziel gesetzt habe, alle Erwerbsstände, auch Handwerker und Kleinindustrie, neben der Landwirtschaft zu fördern.“ Dieselben Anschauungen vertritt auch der Landeshauptmann der Provinz Sachsen, auf dessen Vorlage hin der Provinziallandtag in Sachsen im Jahre 1909 beschlossen hat, den Provinzialhilfsfonds zwecks Darlehnsgewährung an Überlandzentralen um 10 Mill. Mark zu verstärken. Eine weitere Möglichkeit für eine günstige Befriedigung des Kreditbedürfnisses bietet sich neuerdings einer Anzahl Elektrizitäts-Genossenschaften in der Provinz Sachsen dadurch, daß die für sie in Frage kommenden Landkreise die Zinsgarantie für die Anleihen übernehmen, die im Wege der Ausgabe von Teilschuldverschreibungen durch irgend eine Bank aufzunehmen sind. In anderen Fällen sind diese Garantien von den Gemeinden übernommen worden, oder es haben die Kreissparkassen ihre Bereitwilligkeit erklärt, den Überlandzentralen Darlehen zu gewähren.

In den genannten Fällen handelt es sich um Amortisationsdarlehen mit einer Zinsquote von ca. 4 % und einer Amortisation von 1 %, die aber meist erst nach dem 3. oder 5. Betriebsjahr einsetzt.

Es ergibt sich hieraus, daß heute schon dank dem Eingreifen der Behörden eine Reihe Möglichkeiten für die Überlandzentralen bestehen, billige Kapitalien zu erhalten, wenn sich dieselben nur ernstlich darum bemühen. Bedenkt man, daß bei den in Frage kommenden Bausummen die Zins- und Amortisationslast häufig 50 % der jährlichen Ausgaben ausmacht, so liegt die Bedeutung des Eigenkapitals und des billigen Kredits für die Überlandzentralen auf der Hand.

Der letzte Punkt, welcher für die Wirtschaftlichkeit der Überlandzentralen eine große Rolle spielt, ist die Stromtariffrage. Die Form des Stromtarifs gibt bekanntlich den Ausschlag für die Verbreitung der Elektrizität und für den Konsum. Diese Bedeutung des Tarifs ist darin begründet, daß die Bewertung der Elektrizität nicht für alle Erwerbszweige gleich, sondern je nach der Art der Betriebe verschieden ist. Ein brauchbarer Tarif muß demnach in erster Linie den Verhältnissen des Versorgungsgebietes angepaßt sein. In ländlichen Überlandzentralen kommen in der Hauptsache nur zwei Konsumentengattungen für den allgemeinen Tarif in Frage, die eine gesonderte Behandlung beanspruchen, nämlich die Landwirtschaft und das Kleingewerbe (einschl. Kleinindustrie). Industrie und Städte verlangen meist Sonderverträge und können deshalb unbedenklich für die Fassung des Tarifs für ländliche Überlandzentralen außer acht gelassen werden.

Eine besondere Aufgabe des Tarifs für genossenschaftliche Überlandzentralen besteht noch darin, die Beteiligung der Interessenten an den Unternehmen durch Übernahme von Anteilen zu fördern.

Die vorstehenden Ausführungen lassen sich dahin zusammenfassen: Die Bedeutung der Elektrizitätsbewegung auf dem Lande besteht in der Durchführung großer leistungsfähiger Überlandzentralen, welche allen Klassen der Bevölkerung in gleichem Maße Nutzen bieten. Die Interessen der Landwirtschaft werden durch ihre finanzielle Beteiligung an den Unternehmungen sichergestellt. Vorbedingung für den Bau einer Überlandzentrale sollte stets die Mitwirkung und Beteiligung der dafür in Frage kommenden Kommunalverbände, der Kreise, Städte und Gemeinden und event. der Provinz sein. Die Elektrizitätsbewegung ist überall als gesund zu bezeichnen, wo es gelingt, bei der Projektierun der Überlandzentralen alle Sonderinteressen auszuschalten, und wo die Verwirklichung der Unternehmungen ausschließlich von dem Resultat gewissenhafter und eingehender Vorerhebungen und Rentabilitätsberechnungen abhängig gemacht wird.

2. Die genossenschaftlichen Überlandzentralen.

Die meist übliche Genossenschaftsform für elektrische Überlandzentralen ist die „eingetragene Genossenschaft mit beschränkter Haftpflicht“ (e. G. m. b. H.).

Die allgemein rechtlichen Grundlagen für die Genossenschaften sind durch das Reichsgesetz betreffend die Erwerbs- und Wirtschaftsgenossenschaften in der Fassung der Bekanntmachung vom 20. Mai 1898 gegeben. Die wichtigsten Bestimmungen über das zwischen der Genossenschaft und den Mitgliedern bestehende Rechtsverhältnis werden in dem sogenannten Statut der Genossenschaft zusammengefaßt und im Rahmen der gesetzlichen Grenzen durch Sondervorschriften erweitert. Das Statut bildet sozusagen die Verfassung der Mitglieder und wird bei Gründung einer Genossenschaft von den Gründern unterzeichnet.

Die Mitgliedschaft in einer Genossenschaft kann mit Genehmigung des Vorstandes jede physische und juristische Person durch Beitrittserklärung erwerben. Der Eintritt verpflichtet zur Übernahme von mindestens einem Geschäftsanteil sowie der hiermit verbundenen Haftsumme. Für die Höhe des Geschäftsanteils ist das vorhandene Geldbedürfnis maßgebend; ebenso für die Höhe der Haftsumme; letztere darf aber gesetzlich nicht geringer sein als der Anteil. In der Provinz Sachsen werden neuerdings die Anteile für Elektrizitätsgenossenschaften meist auf 200 M und die Haftsumme auf 500 M bemessen. Es steht jedem Mitglied frei, mehr als einen Anteil bis zu einer von vornherein statutarisch festzusetzenden Höchstzahl zu erwerben. Der Austritt aus der Genossenschaft kann durch Kündigung zum Schlusse jeden Geschäftsjahres erfolgen. Die Kündigungszeit wird in Elektrizitätsgenossenschaften zweckmäßig auf die längstzulässige Frist von zwei Jahren festgesetzt. Mitglieder, welche die Interessen der Genossenschaft verletzen oder gegen die Vorschriften des Statuts verstoßen, können ausgeschlossen werden.

Für die finanzielle Sicherheit der Genossenschaften ist die gesetzliche Bestimmung von Wichtigkeit, daß die Auseinandersetzung der Ausgeschiedenen mit der Genossenschaft auf Grund der Bilanz erfolgt, welche für den Zeitpunkt des Ausscheidens, das heißt am Schlusse des Jahres, für das dieses zulässig ist, gilt. Falls also Schulden der Genossenschaft beim Ausscheiden vorhanden sind, so wird der Ausgeschiedene zur Deckung des Fehlbetrages anteilmäßig herangezogen und haftet außerdem für den Fall eines späteren Konkurses der Genossenschaft in Höhe seiner letzten Verbindlichkeiten noch zwei Jahre lang. Wenn die Genossenschaft sich innerhalb 6 Monaten nach dem Ausscheiden eines Mitgliedes auflöst oder in Liquidation geht, so gilt der Austritt gesetzlich als überhaupt nicht erfolgt. Die Übertragung von Geschäftsguthaben von einem Mitglied auf eine andere Person, vom Vater auf den Sohn usw. ist statthaft.

Die Rechte der Elektrizitätsgenossen bestehen in dem Anspruch auf Bezug von Elektrizität nach Maßgabe der Stromlieferungsbedingungen sowie in der Teilnahme an den Beratungen, Beschlüssen und Wahlen der Generalversammlungen.

Die Geschäfte der Genossenschaft werden geführt vom Vorstand, geprüft vom Aufsichtsrat und gutgeheißen beziehungsweise genehmigt von der Generalversammlung.

Bei den Elektrizitätsgenossenschaften in der Provinz Sachsen besteht der Vorstand in der Regel aus 3 bis 5, der Aufsichtsrat meist aus 10 bis 30 Mitgliedern mit je einem Vorsitzenden. Bei der Wahl der Aufsichtsratsmitglieder wird zweckmäßig tunlichst darauf Rücksicht genommen, daß die Interessentenkreise der Überlandzentrale gleichmäßig vertreten sind.

Laut Genossenschaftsgesetz haben die Mitglieder des Vorstandes und Aufsichtsrates die Sorgfalt eines ordentlichen Geschäftsmannes anzuwenden und haften der Genossenschaft persönlich und solidarisch für etwa schuldhaft verursachten Schaden.

Die Generalversammlung wird von der Gesamtheit der Mitglieder gebildet und ist jährlich mindestens einmal einzuberufen. In der Generalversammlung hat bei Beschlüssen jedes Mitglied unabhängig von der Zahl der übernommenen Anteile eine Stimme.

Bei Abstimmungen entscheidet in der Regel einfache Stimmenmehrheit, bei wichtigeren Beschlüssen, wie Abänderung des Statuts usw., eine qualifizierte Mehrheit von $^3/_4$ der erschienenen Mitglieder. Die Giltigkeit aller wichtigeren Beschlüsse kann statutarisch außerdem noch an die Bedingung geknüpft werden, daß in der vorgeschriebenen Stimmenmehrheit gleichzeitig die Hälfte des Gesamtbetrages der Haftsummen vereinigt ist.

Zur Auflösung und Liquidation der Genossenschaft muß nach dem in vielen Genossenschaften üblichen Statut ein bezüglicher Beschluß in zwei innerhalb eines Zeitraumes von 14 Tagen aufeinander folgenden Generalversammlungen mit einer Mehrheit von $^3/_4$ der Stimmen der Anwesenden gefaßt werden.

Vom Vorstand sind jährlich nach Beendigung des Geschäftsjahres die Inventur sowie eine Umsatz- und Vermögensbilanz aufzustellen.

Bei Unterbilanzen sind zunächst der Reservefonds, nach Erschöpfung desselben die Geschäftsguthaben, und darüber hinaus die Haftsummen der Mitglieder zur Verlustdeckung zu benutzen.

Die Genossenschaften sind provinzweise in Genossenschaftsverbänden und diese wiederum in einem Reichsverband zusammengeschlossen. In Deutschland bestehen zurzeit mehr als 20 000 landwirtschaftliche Genossenschaften verschiedenen Charakters mit einer Mitgliederzahl von über zwei Millionen. Etwa 50 % aller selbständigen Landwirte sind genossenschaftlich organisiert.

Über die Bedeutung der Genossenschaftsform für Überlandzentralen sind die Meinungen noch geteilt.

Man hat vor allem die Bedenken gegen die Genossenschaften geltend gemacht, daß bei denselben jedes Mitglied, ob großer oder kleiner Konsument, ob mit mehreren Anteilen beteiligt oder nicht, nur je eine Stimme in der Generalversammlung hat und außerdem ein Ausscheiden der Mitglieder aus der Genossenschaft nicht verhindert werden kann. Bei dem Umfang der modernen Überlandzentralen, welche meist eine Mitgliederzahl bis zu je 1000 und mehr umfassen und einen Kapitalaufwand von je 1,5 bis 2 Millionen und darüber beanspruchen, kann den vorgenannten Erwägungen die Bedeutung nicht abgesprochen werden. Demgegenüber hat aber die Erfahrung gezeigt, daß zunächst die Bedenken hinsichtlich der Stimmengleichheit sich in der Praxis durch verständige Abfassung von Statut und Geschäftsordnung beseitigen lassen. Durch Gesetz und Statut ist ferner die Genossenschaft, wie vorher schon ausgeführt ist, auf das weitestgehende vor den Folgen etwaiger Massenaustritte geschützt; es sei nur nochmals an die zweijährige Kündigungszeit erinnert sowie an die daran anschließende zweijährige Haftung des Ausgeschiedenen und die Ungültigkeit des Austrittes innerhalb eines halben Jahres nach dem Ausscheiden für den Fall eines Konkurses der Genossenschaft. Außerdem können durch zweckmäßige Gestaltung des Stromtarifs den Genossen besondere Vorteile gewährt werden, wodurch weiterhin ein Austritt hintangehalten wird.

Wenn die früher aufgestellten allgemeinen Grundsätze für die Entstehung von Überlandzentralen auf Genossenschaften angewendet werden, so kann man der Genossenschaftsform sogar eine gewisse bevorzugte Bedeutung für die Elektrizitätsunternehmungen auf dem Lande nicht absprechen.

Die Landwirtschaft, auf deren Stromabsatz die ländlichen Überlandzentralen in erster Linie angewiesen sind, gebraucht bekanntlich die Elektrizität in der Hauptsache nur wenige Monate lang, nämlich zurzeit der Dreschkampagne, und macht noch dazu in dieser kurzen Zeit so ausgiebigen Gebrauch davon, daß die Maschinen, Leitungsnetze und Transformatorenstationen überaus reichlich bemessen sein müssen, ohne daß in dem übrigen größeren Teile des Jahres für diese teuren Anlagen eine nur einigermaßen angemessene Verwendung vorhanden ist. Die Ausnutzung solcher Zentralen und Leitungsnetze steht also meist in keinem Verhältnis zu ihren Anlage- und Unterhaltungskosten. Es darf demnach als sicher angesehen werden, daß die Überlandzentralen in vorwiegend landwirtschaftlichen Gegenden keine Erwerbsinstitute sein können, sondern nur als gemeinnützige Unternehmungen Existenzberechtigung besitzen. Wenn nun diejenigen Mitglieder der Landbevölkerung, welche Interesse an der Einführung der Elektrizität auf dem platten Lande haben, auch das Risiko für die Anlage übernehmen, und jeder einzelne Konsument auf dem Lande auch zugleich Träger des Unternehmens wird und zu seinem Teil an der Verwirklichung einer Überlandzentrale beitragen kann, so ergibt sich auf diese Weise naturgemäß ein zuverlässiges Kriterium für die Durchführbarkeit der betreffenden Überlandzentrale, welches darin besteht, daß jeder Interessent sein eigenes Interesse nach Inhalt und Maß selbst bestimmt und die Bedürfnisse nach Elektrizität in einwandfreiester Weise zu erkennen gibt.

Die Gemeinnützigkeit des Unternehmens wird gefördert durch den gemeinnützigen Charakter der Genossenschaft. Frei von jeder kapitalistischen Tendenz erblicken die Elektrizitätsgenossenschaften ausschließlich ihre Aufgabe darin, ihren Mitgliedern billige Elektrizität für die eigenen Wirtschaftsbetriebe zu verschaffen. Überschüsse zur Verteilung von Dividenden werden nicht angestrebt, sondern alle Vorteile des Unternehmens werden der Gesamtheit der Mitglieder in Form von Strompreisermäßigungen zugute gebracht. Durch niedrige Bemessung der Anteile ist es dem kleinen und kleinsten Landbewohner möglich, sich an dem Unternehmen zu beteiligen und sich dadurch die Vorteile der Elektrizität zunutze zu machen; da jeder Konsument zugleich auch gewissermaßen Produzent der Elektrizität ist, so wird das Interesse an dem Unternehmen und seiner Wirtschaftlichkeit in die breitesten Schichten der Bevölkerung hineingetragen, und es erwächst dem Werk in jedem beteiligten Konsumenten ein Förderer seiner Interessen. Anfangs noch abseits stehende Kreise der Landbevölkerung werden von den Mitgliedern der Genossenschaft durch Wort und Beispiel für das Unternehmen gewonnen, so daß eine rasche Ausbreitung der Elektrizitätsversorgung und damit eine für die Rentabilität erforderliche günstige Konsumbewegung erzielt werden kann.

Dies sind die Gründe, welche die maßgebenden Behörden in der Provinz Sachsen und wohl auch anderwärts veranlaßt haben, die Genossenschaftsform für die Gründung von Überlandzentralen — insbesondere von Leitungsgesellschaften ohne Kraftstation — zu unter stützen.

3. Die Bedeutung und die Verwendung der Elektrizität in der Landwirtschaft.

Die Entwickelung der Elektrotechnik legt ein beredtes Zeugnis ab von den Erfolgen, welche in der Dienstbarmachung der Naturkräfte erzielt worden sind. Welche Summen von Nationalvermögen sind Jahrtausende lang in den Wasserläufen der Schweiz und anderer Länder, auch unseres Vaterlandes unbenutzt geblieben; welche Massen von Kohlenvorräten haben bisher von den Gruben aus den langen Eisenbahnweg mittels Dampfkraft und die schwierigen Feldwege mittels teurer Gespanne zurücklegen müssen, um überhaupt erst an den Bestimmungsort zu gelangen, wo die ihnen innewohnenden Kräfte Verwendung finden sollten. Die elektrischen Kraftübertragungen ermöglichen es heute, die Energie der Wasserkräfte und Kohlenfelder mittels dünner Kupferleitungen auf weite Entfernungen (bis 100 km und darüber hinaus) ohne wesentliche Verluste zu übertragen und an beliebiger Stelle der Industrie, dem Gewerbe und Verkehrswesen sowie auch zum Teil schon der Landwirtschaft nutzbar zu machen. Weiterhin gibt der elektrische Strom infolge der Vielseitigkeit seiner Verwendungsarten sowie seines einzigartigen Anpassungsvermögens ein Mittel an die Hand, die Maschinenarbeit so rationell wie nur möglich zu gestalten und nach heutigen Begriffen auf die höchste Stufe der Vollkommenheit zu bringen.

Zwei Aufgaben von großer volkswirtschaftlicher Bedeutung hat hiernach die Elektrotechnik im Laufe der letzten Jahrzehnte gelöst. Die eine besteht in der elektrischen Übertragung großer Kräfte, durch welche die dem Volke von der Natur geschenkten Nationalgüter, die Wasserkräfte und Kohlenfelder, demselben erschlossen oder im Wert gesteigert werden, und die andere in der Möglichkeit, den elektrischen Strom in der mannigfachsten Weise zum Antrieb von Arbeitsmaschinen aller Art benutzen zu können.

Lange Jahre ist der Nutzen dieser Errungenschaften fast nur der Industrie bzw. den Städten zugute gekommen. Heute aber hat auch die Landwirtschaft in richtiger Erkenntnis der Bedeutung der elektrischen Kraft für ihre Betriebe Mittel und Wege gefunden, um dem elektrischen Strome auf dem platten Lande Eingang zu verschaffen.

Von all den vielseitigen Eigenschaften der Elektrizität ist für die Landwirtschaft die Verwendung des elektrischen Stromes zu Kraftzwecken von weittragendster Bedeutung geworden. Die elektrische Beleuchtung kann man gewissermaßen als angenehme, zweckmäßige und heute auch billige Zugabe für den Landwirt bezeichnen; sicherlich kann aber nur die Verwertung der Elektrizität zu Kraftzwecken der Grund- und Hauptzweck für die Errichtung von Überlandzentralen auf dem platten Lande sein. Ebenso wie die Elektromotoren in Industrie, Gewerbe und Verkehrswesen zunächst einem vorhandenen Bedürfnis abhalfen, so erscheinen sie jetzt auch der Landwirtschaft als Retter in der stetig zunehmenden Leutenot. Mit ihrer Einführung werden aber weiterhin dem Landwirt Vorteile gebracht, welche sich aus einer rationellen Ausnutzung der landwirtschaftlichen Maschinen ergeben und direkte Ersparnisse bedeuten.

Für die rasche Entwicklung der Elektrotechnik in der Landwirtschaft ist der Umstand von Wichtigkeit, daß der Elektromotor im allgemeinen keine vollwertige Konkurrenz auf dem Lande zu überwinden hat, sondern meist als erste Betriebskraft für die verschiedenartigsten landwirtschaftlichen Zwecke wie Dreschen, Schroten, Futterschneiden, Pumpen, Sägen usw. auftritt. Bedenkt man ferner, daß die Lösung des Problems eines elektrischen Pfluges nur noch eine Frage der Zeit ist, so muß zugegeben werden, daß der Elektrizität in der Landwirtschaft nicht nur die Gegenwart, sondern fast noch mehr die Zukunft gehört.

Es wird oft behauptet, daß der Elektromotor nur den Großgrundbesitzern Vorteile brächte, weil diese den elektrischen Betrieb allein rationell ausnützen könnten. Die Ansichten sind erfahrungsgemäß nicht richtig; auch dem kleinen Landwirt kommt, wie im nachfolgenden gezeigt werden soll, die elektrische Kraft wirtschaftlich zugute.

Der Hof des kleinen Landmannes ist häufig zur Aufstellung einer Dreschlokomobile zu klein, so daß die polizeiliche Genehmigung hierzu verweigert werden kann; mancher Landwirt muß aus diesem Grunde bei Verwendung von Dampflokomobilen oft auf die Bequemlichkeit des Dreschens im Hause verzichten; dagegen kann er mit Elektrizität in den meisten Fällen zu Hause dreschen, weil die Aufstellung eines Elektromotors in seinem Hofe keine polizeiliche Konzession erfordert. Ferner bereitet gerade dem kleinen Landwirt die Kohlen- und Wasserzufuhr, welche bei Lokomobilbetrieb nötig ist, Schwierigkeiten; dieselbe fällt bei elektrischem Betriebe bekanntlich fort. Auch die rasche Betriebsbereitschaft des Elektromotors bringt dem kleinen Landwirt Nutzen, da er sich die Zeit und die Kosten für Vorbereitungen (Anheizen der Lokomobile, Wartezeit des Bedienungspersonals usw.) erspart, die bei ihm im Verhältnis zu seiner Gesamtleistung natürlich weit höher ausfallen, als dies bei großen landwirtschaftlichen Betrieben der Fall ist. Ferner können elektrisch angetriebene Futterschneidemaschinen, Schrotmühlen, Zentrifugen usw. auch von schon alten oder noch jungen Leuten bedient werden, wodurch weiterhin dem kleinen Landwirt die Möglichkeit geboten wird, die zu seiner Hilfe vorhandenen, wenn auch geringen Arbeitskräfte so gut wie möglich auszunützen. Gerade dem Umstand, daß die elektrische Kraft dem kleinen und großen Landwirt gleich gute Dienste zu leisten imstande ist, verdankt der Elektromotor zum großen Teil die hohe Protektion, welche ihm heute von seiten der Behörden und der Regierung geschenkt wird.

Als besondere Vorzüge des Elektromotors gegenüber anderen Kraftmaschinen sind folgende hervorzuheben:

Der Elektromotor ist einfach in seiner Konstruktion, er bedarf keiner Bedienung, besitzt eine gleichmäßige Tourenzahl, ist feuersicher, ist in den verschiedensten Größeneinheiten zu haben, er ist leicht von Gewicht, daher bequem transportabel, stets betriebsfertig und betriebssicher, braucht kein Fundament und entnimmt nur so viel Strom, als er in Arbeit umzusetzen vermag.

Auch das elektrische Licht bietet dem Landwirt manche Vorteile; es ist insbesondere feuersicher, raucht und qualmt nicht, ist leicht auswechselbar, unempfindlich gegen Feuchtigkeit, bequem schaltbar und leicht beweglich. Eine 25 kerzige Metallfadenlampe (Sparlampe), welche das Licht einer großen Wohnstubenpetroleumlampe abgibt, braucht stündlich 25—35 Wattstunden das heißt bei einem Strompreis von 50 Pf. pro KW-Stunde für $1\frac{1}{4}$ bis $1\frac{3}{4}$ Pf. Strom in der Stunde, ist also ebenso billig wie andere Lichtarten.

Über die Betriebskosten der Elektromotoren in der Landwirtschaft läßt sich folgendes sagen:

Dieselben bestehen in veränderlichen und unveränderlichen Ausgaben.

Zu den unveränderlichen Ausgaben rechnen stets:

die Verzinsung und
die Amortisation des Anlagekapitals.

Zu den veränderlichen Ausgaben zählen:

die Kosten für Betriebsmaterial.

Die Kosten für Abschreibung der Anlage wollen wir als unveränderlich und die Kosten

für Reparaturen sowie auch
für Bedienung

wegen der kurzen Betriebszeiten der landwirtschaftlichen Kraftbetriebe als veränderlich ansehen.

Zur einwandfreien Beurteilung der Rentabilität einer Maschinenanlage müssen die gesamten Faktoren gehörig in Betracht gezogen werden. Die einzelnen Faktoren gewinnen und verlieren an Bedeutung, je nachdem die jährlichen Betriebszeiten der Anlage lang oder kurz sind. Es leuchtet ohne weiteres ein, daß für eine Maschine, welche das ganze Jahr hindurch tagtäglich 5—10 Stunden arbeitet wie in industriellen Betrieben, die Verzinsung und Amortisation der Anlage gegenüber den sonstigen Betriebskosten eine geringere Rolle spielt als für solche Maschinen, die nur zeitweise benutzt werden. Für die Rentabilität von Maschinen mit langer Betriebsdauer sind daher meist die Kosten für ihre Unterhaltung, vor allem für Betriebsmaterialien, ausschlaggebend, während für Anlagen von geringerer Betriebszeit die Anschaffungskosten mit

Rücksicht auf die Verzinsung und Amortisation sehr ins Gewicht fallen.

Die Betriebszeiten landwirtschaftlicher Maschinen sind nun bekanntlich meist sehr gering; sie betragen für Dreschzwecke in der Regel nicht mehr als 300—600 Arbeitsstunden im Jahr. Der Landwirt muß daher von vornherein auf eine in ihren Anlagekosten billige Kraftmaschine bedacht sein, um wirtschaftlich arbeiten zu können.

Prüfen wir nun eine elektrische Motoranlage in der Landwirtschaft in bezug auf ihre Wirtschaftlichkeit unter den oben angeführten Gesichtspunkten.

Was zunächst die Verzinsung und Amortisation anbetrifft, so ist dieselbe bei elektrischen Anlagen in den einzelnen an eine Zentrale angeschlossenen Betrieben gering, weil die Anlagekosten von Elektromotoren niedrig sind. Dieser Umstand ist, wie oben erwähnt, für die Anwendung der Elektrizität in landwirtschaftlichen Kraftbetrieben von besonderer Wichtigkeit. Man kann sagen, daß die beiden Faktoren „Verzinsung“ und „Amortisation“ infolge der Preiswertigkeit von Elektromotoren auf die Wirtschaftlichkeit solcher Anlagen keinen ausschlaggebenden Einfluß haben.

Ferner kann die „Abschreibung“ infolge der einfachen und stabilen Bauart der Elektromotoren bei diesen Betrachtungen nahezu vernachlässigt werden. Die Reparaturkosten sind aus gleichen Gründen sehr niedrig, außerdem fällt die Bedienung bei elektrischen Anlagen ganz fort.

Es bleibt demnach nur noch die Frage über die Kosten für Betriebsmaterialien, das sind die Stromkosten, offen. Von der Höhe dieser Kosten wird es nach dem Vorhergesagten fast allein abhängen, ob der Elektromotor für landwirtschaftliche Betriebe wirtschaftlich zu nennen ist oder nicht.

Für Anlagen, in welchen die Maschinen gleichmäßig und regelmäßig benutzt werden, können die Stromkosten in bezug auf die Arbeitsergebnisse theoretisch mit ziemlicher Genauigkeit berechnet werden. Anders verhält es sich hiermit bei landwirtschaftlichen Betrieben, bei welchen in einwandfreier Weise nur praktische Betriebsresultate ein Urteil über die Stromkosten elektrischer Kraftanlagen zulassen. Der Grund hierfür ist darin zu suchen, daß die Belastungen von landwirtschaftlichen Maschinen, wenn auch in Bruchteilen von Minuten, sehr variabel sind, und die nominelle Leistung des Antriebsmotors deshalb, vor allem bei Dreschbetrieben, meist nur zu 60—70 % durchschnittlich ausgenutzt wird.

Da nun die Stromzufuhr eines Elektromotors sich genau den Schwankungen der Widerstände in der Arbeitsmaschine anpaßt und daher nicht der Maximalleistung, sondern genau der Durchschnittsleistung entspricht, so ergibt dietheoretische Berechnung der

Stromkosten, welche diesen Umstand nicht genügend berücksichtigt, meist zum Nachteil der Elektrizität ein unrichtiges Bild von der Wirtschaftlichkeit elektrischer Kraftanlagen in der Landwirtschaft.

Außerdem muß darauf hingewiesen werden, daß es falsch ist, wenn man zum Beispiel nur den Dreschbetrieb herausgreift und von dem Resultat der elektrischen Dreschkosten auf die gesamte Wirtschaftlichkeit einer elektrischen Anlage schließen will. Wer elektrisch drischt, der schrotet, häckselt, und pumpt auch elektrisch. In dieser vielseitigen Verwendung der Elektrizität bestehen gerade die betriebswirtschaftlichen Vorteile der elektrischen Anlagen gegenüber anderen Kraftanlagen.

Im nachstehenden folgen die durchschnittlichen Betriebsresultate von elektrischen Kraftanlagen in bäuerlichen Wirtschaften, welche an Überlandzentralen angeschlossen sind. Mit diesen Zahlen wird dem Landwirt am leichtesten ein eigenes Urteil über die Zweckmäßigkeit der elektrischen Betriebe ermöglicht. Der Grundpreis für die Elektrizität beträgt in den Beispielen 20 Pf. pro KW-Stunde.

Dreschmaschinen mit Strohpresse.

Stromkosten pro Zentner marktfertigen Getreides:

pro Ztr. Hafer und Gerste . . . . 8 Pf.
,, ,, Roggen . . . . 9 ,,
,, ,, Weizen . . . . 10 ,,

Häckselschneiden.

Stromkosten für das Schneiden eines Zentners Häcksel 3½ Pf.

Schrotmühlen.

Stromkosten pro Ztr. Feinschrot . . . . 11 Pf.
,, ,, ,, Grobschrot . . . . 9 ,,

Rübenschneider.

Stromkosten pro Zentner Rübenschnitt . . . . ¼ Pf.

Ölkuchenbrecher.

Stromkosten pro Ztr. Ölkuchen . . . . ⅔ Pf.

Düngermühlen.

Stromkosten pro Ztr. Dünger . . . . ⅓ Pf.

Pumpen.

Stromkosten für Förderung von 1000 Liter Wasser auf 10 m Höhe . . . . 2 Pf.

Jauchepumpen.

Stromkosten für Füllen eines Jauchefasses von 1000 bis 1500 Liter Inhalt . . . . 2 Pf.

Der Monatsgesamtverbrauch an Strom für Kraftzwecke eines dreipferdigen Elektromotors in einem normalen landwirtschaftlichen Betriebe stellte sich auf 2,80 M. Dafür wurden 30 Ztr. Hafer gequetscht, Futter für 18 Stück Rindvieh und Häcksel für 6 Pferde geschnitten.

Zweites Kapitel.

Entstehung einer Überlandzentrale.

Vorerhebungen, Gründung einer Gesellschaft.

Als erste Vorbedingung für das Zustandekommen einer Überlandzentrale gilt das Vorhandensein eines ungeteilten, allgemeinen Interesses aller beteiligten landwirtschaftlichen und industriellen Kreise des Bezirkes für die Sache. Stadt und Land müssen Hand in Hand gehen, wenn das Unternehmen gut gelingen soll. Ferner müssen sich alle Interessenten darüber klar sein, daß jede Spekulation bei einer ländlichen Überlandzentrale ausgeschlossen ist, und der Zweck eines solchen Unternehmens ausschließlich in der Beschaffung von preiswerter Elektrizität für die Bewohner einer Gegend bestehen kann.

Die wichtigste Grundlage für die Beurteilung der Elektrizitätsfrage in einer Gegend bildet in allen Fällen die Feststellung des vorhandenen Bedürfnisses nach Elektrizität. Es entsteht nun die Frage, von welchen Organen die hierzu erforderlichen Vorerhebungen zweckmäßig durchgeführt werden. Um die Gefahr späterer Zersplitterung zu vermeiden, wird es sich empfehlen, für die Erhebungen solche Gebiete zugrunde zu legen, die politisch, wirtschaftlich oder in sonstiger Hinsicht schon Einheiten darstellen und daher auch hinsichtlich der hier schwebenden Fragen von vornherein ein geschlossenes Vorgehen leichter machen. In Preußen bilden nach dieser Hinsicht die Landkreise eine geeignete Einteilung für diese Einschätzungsarbeiten; in anderen Bundesstaaten werden die den Landkreisen entsprechenden Landbezirke an diese Stelle treten.

Die Kreiseinteilung darf naturgemäß nicht bestimmend für die Begrenzung einer Überlandzentrale werden. In den meisten Fällen wird der Umfang eines Kreises für die Wirtschaftlichkeit einer Überlandzentrale zu klein sein, es werden häufig 2 oder gar 3 Kreise und mehr sich vereinigen müssen, um die Frage der Stromversorgung für ihre Bezirke glücklich zu lösen. Ferner wird es oft ratsam sein, bei der Durchführung des Unternehmens natürliche Grenzen, wie Flüsse, Gebirgszüge, Heidestriche, Wälder usw., für die Überlandzentrale zu wählen, wobei zur Abrundung des Gebietes Teile eines oder mehrerer benachbarter Kreise mit einbezogen werden. Man spricht in solchen Fällen von einem Austausch der Ortschaften.

Die Bedeutung der Vorerhebungen liegt darin, daß die Verhältnisse der Kreise mit Bezug auf die Elektrizitätsbewegung ohne jede Rücksicht auf etwa schwebende Projekte oder Sonderinteressen geklärt werden, und daß alsdann an Hand der so geschaffenen Unterlagen geeignete Vorschläge bekannt gegeben und weitere Schritte zur Förderung der Sache eingeleitet werden können.

Dieser hier beschriebene Zweck der Erhebungen wird am besten erreicht, wenn die Arbeiten von der Kreisbehörde selbst ausgehen, weil die einheitliche Organisation und Verwaltung der Kreise eine erfolgreiche Durchführung am ehesten gewährleistet. Da die Kreiskommunen die Interessenvertretung der Kreiseingesessenen darstellen, so ist bei der heutigen Bedeutung der Elektrizitätsfrage anzunehmen, daß dieselben in den meisten Fällen die Übernahme dieser Arbeiten nicht ablehnen und die hierfür erforderlichen Mittel zur Verfügung stellen.

In verschiedenen Gegenden haben an Stelle der Kreise die Provinzen die Lösung der Elektrizitätsfrage übernommen, und es muß zugegeben werden, daß durch ein solches Vorgehen der Provinzen die Einheitlichkeit und Geschlossenheit der Unternehmungen in weitestem Maße gewährleistet wird.

Worin bestehen nun diese Vorarbeiten, und wie sind dieselben durchzuführen?

Der wichtigste Faktor für die Wirtschaftlichkeit einer Überlandzentrale ist der Konsum, d. h. die Inanspruchnahme der Maschinenstation. Es kommt hierbei aber nicht nur auf die Größe des Stromabsatzes, sondern ganz besonders auf seine Gleichmäßigkeit an. Es leuchtet ohne weiteres ein, daß eine wenn auch erhebliche, aber doch kurze Inanspruchnahme der Zentrale ungünstiger für das Werk ist als eine auf das ganze Jahr verteilte gleichmäßige Belastung: denn die Größe der Maschinen und die Querschnitte der Leitungsnetze müssen der benötigten Höchstleistung entsprechend bemessen werden. Hiernach richtet sich aber auch die Höhe der Anlagekosten. Die Anlagekosten und somit auch die Zinsen- und Abschreibungslast werden bei gleicher Stromabgabe im Jahre geringer, je gleichmäßiger sich der Konsum auf das ganze Jahr verteilt, und je geringere Schwankungen er aufweist. Hieraus ergibt sich ohne weiteres, daß die Industrie und das Kleingewerbe infolge ihrer stetigen Arbeit als ein guter Konsument, die Landwirtschaft dagegen als ein ungünstiger Konsument zu betrachten sind. Es besteht allerdings auch die Möglichkeit, die ungünstigen Verhältnisse des landwirtschaftlichen Konsums auszugleichen, wenn sich im Bereich der Überlandzentrale Industriezweige, wie z. B. Ziegeleien, Steinbrüche usw., befinden, deren Hauptkonsum zeitlich nicht mit dem der Landwirtschaft zusammenfällt.

Die vorstehend aufgeführten Momente beeinflussen in erster Linie die Rentabilität der Überlandzentrale und müssen durch die Vorerhebungen klargestellt werden.

Um dies zu erreichen, müssen die im Kreis ansässigen Betriebe nach Art und Umfang zunächst genau aufgenommen werden; das geschieht zweckmäßig durch Verteilung von Fragebogen an die Gemeinden und Gutsbezirke des Kreises. Ferner muß jeder Einwohner, jede Fabrik und jedes sonstige Unternehmen über die Stellungnahme zur Einführung der Elektrizität und den Bedarf an Strom gehört werden. Es werden also außer den Fragebogen an die Gemeinde- oder Gutsvorsteher noch solche an alle Kreiseingesessenen erforderlich.

Die Schwierigkeiten solcher Umfragen liegen auf der Hand. Der Industrielle wird meist in der Lage sein, bestimmte Angaben zu machen; von dem Landwirt dagegen kann das besonders hinsichtlich seines Kraftbedarfes nicht erwartet werden, weil der landwirtschaftliche Stromkonsum für Kraftzwecke ganz von der Art der Feldbebauung abhängt. Es ist demnach falsch, den Landwirt bei den Vorerhebungen nach dem Strombedarf bzw. nach der benötigten Zahl und Größe von Motoren zu fragen, sondern es müssen Ermittelungen über Umfang der Güter sowie über Anbau und Ernteverhältnisse angestellt werden. Die so erhaltenen Werte lassen sich mit Hilfe der aus bestehenden elektrischen Anlagen bekannten Stromverbrauchsziffern zur Beurteilung des landwirtschaftlichen Konsums benutzen. Für die Veranschlagung des voraussichtlichen Lichtkonsums dienen die Angaben über Einwohnerzahl und Lampenzahl. Ebenso wichtig wie die Ermittelungen des zu erwartenden Konsums ist für die Beurteilung der Elektrizitätsfrage die Feststellung der etwaigen Kapitalbeteiligung der Interessenten an einem Elektrizitäts-Unternehmen. Die Angaben hierüber lassen am einwandfreiesten das vorhandene Interesse an der Einführung von Elektrizität im Lande erkennen. Außerdem ist zu berücksichtigen, daß ländliche Überlandzentralen vor allem in den ersten Jahren billige Kapitalien beanspruchen. Es muß demnach Wert darauf gelegt werden, daß die Interessenten selbst einen größeren Teil der Anlagekosten aufbringen.

Die vorstehend geschilderten Arbeiten sind einer völlig unparteiischen Stelle, welche gleichzeitig mit den Verhältnissen des Landes vertraut ist, zu übertragen.

Vor der Verteilung von Fragebogen wird es in allen Fällen zweckmäßig sein, aufklärende Vorträge in den größeren und mittleren Ortschaften des Kreises zu halten. In diesen Vorträgen müssen auch insbesondere die Punkte behandelt werden, über welche die Fragebogen

Auskunft geben sollen. Man berücksichtige bei der Veranstaltung der Vorträge die Jahreszeit, in welcher die Landwirtschaft nicht durch Feldarbeiten allzusehr in Anspruch genommen wird.

Nachstehend folgen die Muster für einen Fragebogen, welcher von den Gemeinde- bzw. Gutsvorstehern auszufüllen ist, und für einen Fragebogen, den jeder Kreiseingesessene zum Ausfüllen erhält:

Name des Ortes:

....

Vom Gemeinde- bzw. Gutsvorsteher auszufüllen.

Name des Gemeinde- bzw. Gutsvorstehers

....

Fragebogen.

Frage: Antwort:

Vom Gemeindevorsteher auszufüllen.

1. Wieviel Einwohner besitzt der Ort bzw. der Gutsbezirk?
2. Wieviel Haushaltungen?
3. Wieviel Gastwirtschaften?
4. Wieviel Tischler oder sonstige Gewerbetreibende?
5. Besitzen vorstehende bereits Spiritus-, Benzin- usw. Motoren? welche Leistung? (Pferdekräfte)
6. Wieviel Morgen Ackerland umfaßt Ihre Gemeinde?
7. Wieviel Morgen werden hiervon mit Körnern bebaut?
8. Wieviel Landwirte besitzt der Ort, und zwar:
   a) bis 100 Morgen Gesamtbesitz?
   b) über 100 Morgen Gesamtbesitz?
9. Besitzen vorstehende Landwirte schon Lokomobilen, Spiritus- usw. Motoren? mit welcher Leistung? (Pferdestärke)

Frage:	Antwort:
Vom Gutsvorsteher auszufüllen: 10. Wieviel Rittergüter, Domänen, Vorwerke usw. besitzt der Gutsbezirk? und zwar: a) Wieviel Morgen hat jeder Gesamtbesitz? b) Wieviel Morgen werden von jedem Gesamtbesitz mit Körnern bebaut?	
11. Besitzen vorstehende Rittergüter usw. bereits Lokomobilen, Spiritusmotoren usw.? welche Leistung? (Pferdestärke) a) Wieviel Ztr. Getreide werd. etwa pro Jahr gedroschen? b) Wieviel Morgen werden etwa mit Dampf gepflügt?	
12. Besitzt der Ort bereits Straßenbeleuchtung? a) Wieviel Lampen? b) Welcher Brennstoff wird verwendet? c) Welche Kerzenstärke besitzt etwa jede Lampe? d) Was kostet etwa die jetzige Straßenbeleuchtung jährlich an Brennstoffverbrauch u. Unterhaltung? e) Wieviel Stunden brennen die Lampen im Jahre?	
13. Welche größeren gewerblichen Betriebe, Fabriken usw. befinden sich am Platz? (Die Betriebe sind mit Namen anzuführen unter Angabe der Art und Stärke der Kraft, z. B. Mühle von Schulze, Wasserkraft, 20 Pferdestärken.) a) Landwirtschaftlichen Charakters (z. B. Zuckerfabriken, Samensortieranstalten, Molkereien usw.) b) Industriellen Charakters	

Name des Ortes

....

Name des Vertrauensmannes

....

Von den Einwohnern auszufüllen.

Fragebogen über den Bedarf an Elektrizität.

Im Auftrage des Kreisausschusses des .... Kreises hat es die unterzeichnete Stelle übernommen, den Bedarf an Elektrizität im Kreise .... und den angrenzenden Nachbargebieten festzustellen. Auf Grund des Ergebnisses dieser Feststellungen wird sich demnächst die unterzeichnete Stelle dem Kreise gegenüber gutachtlich äußern, in welcher Weise am zweckmäßigsten und wirtschaftlichsten der Kreis .... mit elektrischer Energie zu versorgen sein wird.

Die gute Sache erfordert es, daß die Fragen allseitig möglichst gewissenhaft beantwortet werden.

a) Namen, Wohnort, Stand.

1. Wie heißen Sie? (Vor- und Zuname.)
2. In welchem Ort wohnen Sie?
3. Was ist Ihr Stand?

b) Kraftbedarf für Landwirte.

1. Welche landwirtschaftlichen Maschinen besitzen Sie jetzt? von welcher Leistung?
   (Dreschmaschine, Häckselschneidemaschine, Schrotmühle, Zentrifuge, Schleifstein usw.)
2. Wieviel Morgen Ackerland besitzen Sie?
3. Wieviel Morgen werden hiervon mit Getreide bebaut?
4. Dreschen Sie jetzt mit eigener Lokomobile, Benzinmotor usw. oder bei einem Lohndrescher? (Name und Wohnort des Lohndreschers?)
5. Wieviel Pferdekräfte besitzt Ihre Lokomobile, Benzinmotor usw, oder die Lokomobile Ihres Lohndreschers?
6. Wieviel Zentner Roggen, Weizen, Gerste (getrennt anzugeben) haben Sie bisher mit Ihrer Dreschmaschine stündlich im Durchschnitt gedroschen?
7. Wieviel Stunden lang haben Sie bisher im ganzen jährlich durchschnittlich gedroschen?
8. Wieviel Zentner Getreide dreschen Sie jährlich? (Getrennt nach Roggen, Weizen, Gerste usw.)
9. Beabsichtigen Sie bei Einführung von elektrischem Betrieb eine größere Dreschmaschine als bisher aufzustellen? mit welcher Leistung?
10. Besitzen Sie Göpelbetrieb?
11. Von wieviel Pferden wird Ihr Göpel angetrieben?

12. Welche Maschinen treiben Sie jetzt mit Ihrem Göpel an?
13. Besitzen Sie eine Transmission?
14. Welche Maschinen werden von der Transmission angetrieben?
15. Wieviel Zentner Getreide schroten Sie jährlich? und wieviel stündlich?
16. Wieviel Stück Rindvieh besitzen Sie?
17. Wieviel Pferde besitzen Sie?
18. Von wieviel Leuten wird Ihre jetzige Häckselschneidemaschine angetrieben? (Oder geschieht dies vom Göpel aus?)
19. Welche landwirtschaftlichen Maschinen beabsichtigen Sie für ihren Betrieb künftig elektrisch zu betreiben? (Unverbindlich.)

c) Kraftbedarf für Handwerker und Fabriken.

20. Welche Fabrik oder welches Handwerk betreiben Sie?
21. Welche Leistung besitzen Ihre bisherigen Antriebsmaschinen?
22. Wieviel Stunden arbeiten Ihre Maschinen durchschnittlich täglich und wieviel Tage im Jahr?
23. Beabsichtigen Sie Elektrizität für Ihre Maschinen teilweise oder ganz zu verwenden? (Unverbindlich.)
24. Wie groß soll der Elektromotor für Ihren Betrieb sein? (Unverbindlich.)

d) Beleuchtung.

25. Welche Räumlichkeiten besitzen Sie, die event. für die elektrische Beleuchtung in Frage kommen könnten?
    Anzugeben: Wohnzimmer, Schlafzimmer, Küche, besseres Zimmer, Bodenkammer, Gesindekammer, Stallungen (Kuhstall, Pferdestall, Schweinestall usw.), Scheune, Hof usw.
26. Beabsichtigen Sie event. die Räume, teilweise oder ganz mit elektrischer Beleuchtung zu versehen? (Unverbindlich.)
27. Sind Sie geneigt, sich bei einer zu gründenden Elektrizitätsgesellschaft durch Übernahme von Anteilen zu beteiligen, bejahendenfalls in welcher Höhe? (Unverbindlich.)

....

Es ist von größtem Wert, daß die Fragebogen so gewissenhaft wie möglich ausgefüllt werden, Um dies zu erreichen, empfiehlt es sich, daß von jedem Gemeindevorsteher einige Vertrauensmänner im Ort gewählt werden, welche den Einwohnern bei der Beantwortung der Fragen behilflich sind. Die gesammelten Angaben reichen aus, um der sachverständigen Stelle die einwandsfreie Beurteilung der Verhältnisse zu ermöglichen. Für die Bearbeitung dieser Materie läßt sich kein Schema vorschreiben; man muß sich hierbei auf die Erfahrung und Geschicklichkeit des Sachverständigen verlassen. Durch verschiedenartige Kombination der in den Fragebogen enthaltenen Werte lassen sich ziemlich sichere Schlüsse auf den voraussichtlichen Stromkonsum ziehen.

Die für die Konsumschätzung vorliegenden Erfahrungssätze weichen sehr voneinander ab, weil sie ganz von den Boden- und Ernteverhältnissen abhängig sind. Der Sachverständige muß deshalb von Fall zu Fall die Zahlen auf Grund seiner Erfahrungen in der beteiligten Gegend bestimmen.

Auf Grund der vom Sachverständigen ausgearbeiteten Unterlagen müssen folgende Fragen ihre Beantwortung finden können:

1. Ist es wirtschaftlich, den Kreis in seinem ganzen Umfange einheitlich mit Strom zu versorgen?
2. Besteht für den Kreis die Möglichkeit, den Strom von einem voıhandenen Elektrizitätswerk (Grube, industrielles Werk, Stadt, Elektrizitätswerk) zu beziehen? und voraussichtlich zu welchem Preise?
3. Sind die Konsumverhältnisse so günstig, daß wenn der Anschluß an ein vorhandenes Werk nicht möglich sein sollte, auch der Bau einer eigenen Zentrale rentabel wird?
4. Wird der Anschluß des Kreises an eine andere benachbarte Überlandzentrale bzw. ein Zusammengehen mit anderen Kreisen empfohlen? und mit welchen?
5. Wenn keine einheitliche Stromversorgung des ganzen Kreises empfehlenswert ist, wie muß alsdann die Teilung des Kreises erfolgen, und wie kann die Versorgung der Teile herbeigeführt werden?
6. Welche Ortschaften des Kreises bieten hinreichenden Konsum und Kapitalbeteiligung, um bei Realisierung des Unternehmens sofort angeschlossen werden zu können?

Diese Fragen können nur ordnungsgemäß und zuverlässig beantwortet werden, wenn die sachverständige Stelle genau mit der Gegend und ihren Verhältnissen vertraut ist. Hierauf ist bei Vergabe der Arbeiten besonders zu achten. Die Vorschläge sind naturgemäß durch gewissenhafte Rentabilitätsberechnungen und Leitungspläne zu belegen.

Die geschilderten Vorerhebungen setzen die Kreisbehörden in den Stand, in wirksamer und bedeutungsvoller Weise die Überlandzentralenbewegung zu beeinflussen und die Kreiseingesessenen vor unrentablen Unternehmungen und deren Folgen zu schützen.

Wenn durch gewissenhafte Vorerhebungen die Richtlinien für Umfang und Größe einer Überlandzentrale geschaffen sind, so kann der Gründung einer Gesellschaft nähergetreten werden. Es wird hierbei vorausgesetzt, daß die Ermittelungen eine hinreichende Konsumfähigkeit und Kapitalbeteiligung der Eingesessenen an dem Unternehmen erkennen lassen.

Was nun die Form der Gesellschaft anbetrifft, so lassen sich für die Wahl derselben nicht gut Regeln aufstellen. Es wird von Fall zu Fall entschieden werden müssen, welche Form sich am besten eignet. Es ist dringend zu empfehlen, die Gründung einer solchen Gesellschaft nicht ohne Hinzuziehung oder Anhörung der für den Bezirk in Frage kommenden Verwaltungsbehörden oder deren Vertreter, insbesondere der Landräte, vorzunehmen. Ganz besonders sei auch nochmals auf die im ersten Kapitel geschilderte Bedeutung der Beteiligung von Kommunen, Kreisen, Städten und Landgemeinden an dem Unternehmen hingewiesen.

Auf die Wahl der Gesellschaftsform werden folgende Faktoren Einfluß haben:

1. der Umfang der Anlage,
2. die Finanzierung,
3. der Besitzstand der Einwohner,
4. die Zusammensetzung nach Landwirtschaft und Industrie,
5. die Beteiligung von Kommunen, Städten und industriellen Werken und
6. die Verbreitung der gewählten Gesellschaftsform in der betr. Gegend.

Nachstehend folgen Entwürfe für:

Satzungen einer Aktien-Gesellschaft,
Vertrag einer Gesellschaft mit beschränkter Haftung und
Statut einer eingetragenen Genossenschaft mit beschränkter Haftpflicht.

Satzungen einer Aktien-Gesellschaft.

§ 1.

Die Aktien-Gesellschaft führt die Firma:

. . . .

Sie hat ihren Sitz in . . . . Ihre Dauer ist auf bestimmte Zeit nicht beschränkt.

§ 2.

Die Gesellschaft bezweckt . . . .
Die Gesellschaft ist befugt, sich an gleichartigen oder ähnlichen Unternehmen zu beteiligen oder die Vertretung solcher zu übernehmen.

§ 3.

Alle Bekanntmachungen der Gesellschaft erfolgen im . . . ., und zwar einmal, es sei denn, daß durch Gesetz oder diese Satzung eine mehrmalige Bekanntmachung vorgeschrieben ist. Die Bekanntmachungen erfolgen durch den Vorstand, soweit sie nicht ausdrücklich dem Aufsichtsrat übertragen sind, und zwar unter der Unterschrift „Der Vorstand" bzw. „Der Aufsichtsrat". Im ersten Falle hat der Vorstand, im zweiten Falle der Vorsitzende des Aufsichtsrats oder dessen Stellvertreter die Bekanntmachung zu unterschreiben.

§ 4.

Das Grundkapital der Gesellschaft beträgt ...... M, eingeteilt in ...... Aktien zu je .... M, auf den Inhaber lautend. Von diesen sind .... Stück voll eingezahlt und werden alsbald ausgegeben, auf .... Stück ist die Hälfte mit je .... M eingezahlt, während der Rest bis zum .... einzuzahlen ist. Die Zeichner erhalten diese Aktien erst nach erfolgter Vollzahlung.

§ 5.

Die Form und den Inhalt der Aktien setzt der Aufsichtsrat fest. Jeder Aktie werden Dividendenscheine und ein Erneuerungsschein für 10 Jahre beigefügt, nach deren Ablauf gegen Einlieferung des Erneuerungsscheins für weitere 10 Jahre Dividendenscheine nebst Erneuerungsschein ausgegeben werden und so fort.

§ 6.

Die Gesellschaft gibt ferner ..... M nom. ... proz. Schuldverschreibungen aus. Über Form und Inhalt findet § 5 sinngemäße Anwendung.

Der Nennbetrag der Schuldverschreibungen, die Einzelheiten der Kündigung und der Amortisation sowie die Zeit der Begebung werden durch den Vorstand unter Genehmigung des Aufsichtsrats festgestellt und bekannt gemacht.

Die Ausgabe weiterer Schuldverschreibungen kann auf Beschluß der Generalversammlung erfolgen.

§ 7.

Dividendenscheine sowie Zinsscheine, welche nicht innerhalb vier Jahren nach dem auf ihre Fälligkeit folgenden 31. Dezember zur Zahlung vorgelegt werden, sind zugunsten der Gesellschaft verfallen; wer den Verlust eines solchen Scheines vor Ablauf der bezeichneten Frist bei der Gesellschaftskasse anmeldet und glaubhaft macht, erhält nach Ablauf der Frist den Betrag des angemeldeten Scheines ausgezahlt, sofern dieser nicht inzwischen von anderer Seite zur Zahlung vorgelegt und eingelöst worden ist.

§ 8.

Das Geschäftsjahr beginnt mit dem .... und endet mit dem......................

Das erste Geschäftsjahr endet mit dem ....

Spätestens 4 Monate nach Ablauf des Geschäftsjahres hat der Vorstand die Bilanz, die Gewinn- und Verlustrechnung und einen Bericht über den Vermögensstand und die Verhältnisse der Gesellschaft sowie Vorschläge über die Verteilung des Gewinnes dem Aufsichtsrat einzureichen.

Die Höhe der Abschreibungen und etwaiger Rücklagen werden vom Aufsichtsrat bestimmt.

§ 9.

Der Überschuß der Aktiven über die Passiven, den die durch die Generalversammlung genehmigte Bilanz ergibt, bildet den Reingewinn der Gesellschaft.

Aus diesem werden nach dem Vorschlag des Aufsichtsrats mindestens ... %, höchstens ... % dem gesetzlichen Reservefonds überwiesen so lange, bis derselbe die Höhe von ... % des Grundkapitals erreicht hat.

Über die Verwendung des dann noch verbleibenden Reingewinnes beschließt die Generalversammlung auf Vorschlag des Aufsichtsrats.

Vorträge auf neue Rechnung bleiben im folgenden Geschäftsjahr bei der Berechnung der dem Reservefonds zu überweisenden Beträge wie der Gewinnanteile des Vorstandes, der übrigen Beamten der Gesellschaft und des Aufsichtsrates außer Betracht.

Verfassung und Geschäftsführung der Gesellschaft.

a) Der Vorstand.

§ 10.

Der Vorstand besteht aus ... Personen.

Ihre Ernennung, welche ebenso wie ihre Entlassung der Zustimmung der Mehrheit der jeweiligen Mitglieder des Aufsichtsrates bedarf, erfolgt durch notarielles Protokoll in einer Sitzung des Aufsichtsrats.

Die Bezüge des Vorstandes setzt der Aufsichtsrat fest.

§ 11.

Der Vorstand vertritt die Gesellschaft in allen gerichtlichen Angelegenheiten; sind zwei Vorstandsmitglieder vorhanden, so vertreten diese die Gesellschaft gemeinschaftlich.

Der Vorstand soll die Firma in der Weise zeichnen, daß der Zeichnungsberechtigte zur Firma der Gesellschaft seine Unterschrift hinzufügt.

§ 12.

Alle Erklärungen, welche die Gesellschaft verpflichten sollen, müssen von dem Vorstand oder von einem einzelnen Vorstandsmitglied in Gemeinschaft mit einem Prokuristen oder von 2 Prokuristen gemeinschaftlich abgegeben werden.

b) Der Aufsichtsrat.

§ 13.

Der Aufsichtsrat besteht aus mindestens ...., höchstens .... von der Generalversammlung zu wählenden Personen.

Die Wahl des ersten Aufsichtsrates gilt für die Zeit bis zur Beendigung der ordentlichen Generalversammlung, welche nach Ablauf eines Jahres seit der Eintragung der Gesellschaft in das Handelsregister abgehalten wird. In dieser Generalversammlung findet die Neuwahl des gesamten Aufsichtsrats statt.

In der Folge scheiden dann alljährlich zwei Aufsichtsratsmitglieder aus; über die Reihenfolge des Ausscheidens bestimmt das Dienstalter, bei gleichem Dienstalter das Los.

Die Ausscheidenden sind wieder wählbar.

Scheidet ein Mitglied vor Ablauf der Wahlperiode aus, so ist eine Ersatzwahl bis zur nächsten ordentlichen Generalversammlung nicht erforderlich, sofern noch mindestens drei Mitglieder im Amte bleiben.

§ 14.

Die Mitglieder des Aufsichtsrats erhalten den Ersatz ihrer baren Auslagen und außerdem einen Anteil in Höhe von ... % desjenigen Gewinnes, welcher nach Vornahme sämtlicher Abschreibungen und Rücklagen sowie nach Abzug eines für die Aktionäre bestimmten Betrages von .... % des eingezahlten Grundkapitals verbleibt.

Die Verteilung des Gewinnanteiles unter die einzelnen Aufsichtsratsmitglieder wird vom Aufsichtsrat bestimmt.

Den Mitgliedern des ersten Aufsichtsrats kann eine Vergütung für ihre Tätigkeit nur durch Beschluß derjenigen Generalversammlung bewilligt werden, mit deren Beendigung die Amtsperiode dieses Aufsichtsrats abläuft.

§ 15.

Der Aufsichtsrat wählt jedes Jahr nach der ordentlichen Generalversammlung, ohne daß es einer besonderen Einladung hierzu bedarf, aus seiner Mitte einen Vorsitzenden und dessen Stellvertreter.

Die Sitzungen des Aufsichtsrates finden statt, so oft eine geschäftliche Veranlassung dazu vorliegt, und außerdem, wenn wenigstens 2 Mitglieder oder der Vorstand es verlangen.

Die Berufung erfolgt durch den Vorsitzenden oder dessen Stellvertreter unter Mitteilung der Tagesordnung, des Ortes und der Zeit der Versammlung.

Der Aufsichtsrat ist beschlußfähig, wenn wenigstens 3 Mitglieder, darunter der Vorsitzende oder dessen Stellvertreter anwesend sind. In allen Fällen können Beschlüsse auch durch schriftliche oder telegraphische Abstimmung gefaßt werden.

Die Mitglieder des Aufsichtsrates haben gleiches Stimmrecht. Ihre Beschlüsse werden mit der Mehrheit der bei der Beschlußfassung abgegebenen Stimmen gefaßt; bei Stimmengleichheit entscheidet das Los.

§ 16.

Der Aufsichtsrat hat außer den durch gesetzliche Vorschrift und andere Bestimmungen dieser Satzung ihm zugewiesenen Pflichten und Rechten insbesondere die folgenden:

1. Die Einwilligung zur Ernennung von Prokuristen und zur Anstellung derjenigen Beamten, deren jährliches Gehalt mehr als .... M beträgt, oder denen eine Gewinnbeteiligung gewährt wird, oder die mit einer ... Monate überschreitenden Vertragsdauer angestellt werden sollen.
2. Die Einwilligung zu Gratifikationen und Unterstützungen an Beamte oder Arbeiter sowie deren Hinterbliebene.
3. Die Einwilligung zum Erwerb, zur Veräußerung und Verpfändung sowie zur Pachtung und Verpachtung von Grundstücken.
4. Die Entscheidung über Anlegung von Geldern, die zum Geschäftsbetrieb nicht erforderlich sind.
5. Die Einwilligung zur Aufnahme von Anleihen.
6. Die Genehmigung der vom Vorstande vorzulegenden Betriebspläne und Verwaltungsvoranschläge sowie die Einwilligung zu allen Neubauten und Anschaffungen, die einen Betrag von mehr als .... M erfordern.
7. Die Befugnis, zur Prüfung der Geschäftsführung des Vorstandes Revisoren zu bestellen.

c) Die Generalversammlung.

§ 17.

Die Rechte, welche den Aktionären in den Angelegenheiten der Gesellschaft, insbesondere in bezug auf die Führung der Geschäfte zustehen, werden durch Beschlußfassung in der Generalversammlung ausgeübt.

§ 18.

Diejenigen Aktionäre, welche sich an der Generalversammlung beteiligen wollen, haben ihre Teilnahme unter Angabe der Zahl der Aktien spätestens 3 Tage vor der Generalversammlung, den Tag der Generalversammlung und den Anmeldungstag nicht mitgerechnet, bei der Gesellschaft anzumelden; ihre Aktien haben sie bis zum Beginn der Generalversammlung entweder bei der Gesellschaft oder bei einer der in dem Einladungsschreiben genannten Stellen oder bei einem Notar zu hinterlegen; in letzterem Falle muß dem Vorstand ein von der Hinterlegungsstelle oder dem Notar ausgestellter Hinterlegungsschein übergeben werden. Aktien bzw. Hinterlegungsscheine werden nicht vor Schluß der Generalversammlung zurückgegeben.

§ 19.

Jede ordnungsmäßig hinterlegte Aktie gibt eine Stimme.

Juristische Personen und Handelsgesellschaften können durch ihre gesetzlichen Vertreter bzw. ihre Teilhaber, alle Kaufleute durch ihre Prokuristen, Bevormundete oder unter Pflegschaft stehende durch ihre Vormünder bzw. Pfleger vertreten werden.

In allen übrigen Fällen kann ein Aktionär nur durch einen anderen mit Vollmacht versehenen stimmberechtigten Aktionär vertreten werden.

§ 20.

Die Generalversammlungen werden in .... abgehalten. Die Berufung erfolgt durch den Aufsichtsrat durch einmalige Bekanntmachung in .... wenigstens 2 Wochen vorher, den Tag der Berufung und den Tag der Versammlung nicht mitgerechnet.

Die ordentliche Generalversammlung findet in der ersten Hälfte jedes neuen Geschäftsjahres statt. In dieser erfolgt die Vorlegung der Bilanz, der Gewinn- und Verlustrechnung für das abgelaufene Geschäftsjahr, die Berichterstattung des Vorstandes und des Aufsichtsrates, der Beschluß über Genehmigung der Bilanz, Verteilung des Gewinnes und Erteilung der Entlastung an den Vorstand und den Aufsichtsrat, die Wahl der Aufsichtsratsmitglieder und die Beschlußfassung über die übrigen auf der Tagesordnung stehenden Gegenstände.

§ 21.

Die Beschlußfassungen über

1. Abänderung des Zweckes und Gegenstandes des Unternehmens, sowie Abänderung der Statuten,
2. Auflösung der Gesellschaft

bedürfen zu ihrer Gültigkeit einer Majorität von drei Vierteln des bei der Beschlußfassung vertretenen Grundkapitals.

In einer Generalversammlung, in welcher über den unter 2 genannten Gegenstand verhandelt werden soll, müssen mindestens drei Viertel des gesamten Aktienkapitals vertreten sein; ist dies nicht der Fall, so ist innerhalb vier Wochen eine außerordentliche Generalversammlung einzuberufen, in welcher der Gegenstand der Beschlußfassung auch bei geringerer Beteiligung rechtsgültig erledigt werden kann.

§ 22.

Den Vorsitz in der Generalversammlung führt der Vorsitzende des Aufsichtsrates oder dessen Stellvertreter, in deren Behinderung ein anderes Mitglied des Aufsichtsrates, welches von den anwesenden Mitgliedern des Aufsichtsrates bestimmt wird.

Die Reihenfolge, in welcher die Gegenstände der Tagesordnung erledigt werden sollen, bestimmt der Vorsitzende.

Das Protokoll wird notariell oder gerichtlich aufgenommen; es soll nur die gestellten Anträge, die erhobenen Widersprüche und die Ergebnisse der Verhandlung enthalten.

§ 23.

Die Beschlüsse der Generalversammlung werden mit der Mehrheit der bei der Abstimmung vertretenen Stimmen gefaßt; bei Stimmengleichheit gelten Anträge als abgelehnt.

Die Wahlen finden mittels Abgabe von Stimmzetteln statt. Eine Wahl durch Zuruf ist nur zulässig, wenn niemand widerspricht.

Ist im ersten Wahlgange die absolute Mehrheit nicht erreicht, so findet eine engere Wahl unter denjenigen statt, welche die meisten Stimmen erhalten haben, und zwar wird die doppelte Zahl der zu Wählenden in die engere Wahl gestellt.

Bei gleicher Stimmenzahl in der engeren Wahl entscheidet das Los.

§ 24.

Auflösung.

Im Falle der Auflösung der Gesellschaft bestimmt die Generalversammlung die Modalitäten der Ausführung und wählt eintretendenfalls die Liquidatoren.

Vertrag einer Gesellschaft mit beschränkter Haftung.

Allgemeine Bestimmungen.

§ 1.

Die Unterzeichneten errichten eine Gesellschaft mit beschränkter Haftung unter der Firma:

....

§ 2.

Der Sitz der Gesellschaft ist ....

§ 3.

Gegenstand des Unternehmens ist .... Zur Erreichung dieses Zweckes ist die Gesellschaft auch befugt, gleichartige oder ähnliche Unternehmen zu erwerben oder anzuschließen.

Das Geschäftsjahr läuft vom .... bis .... Das erste Geschäftsjahr beginnt mit der Eintragung in das Handelsregister und endet am ....

§ 5.

Das Stammkapital wird auf .... M festgesetzt und unter die Gesellschafter nach beigeheftetem Verzeichnis verteilt.

§ 6.

Die Gesellschafter leisten die nach § 5 zusammengestellten Einlagen in Geld und verpflichten sich, ein Viertel, mindestens ..... M bis zum ...., den Rest nach Ermessen des Aufsichtsrates, an die Gesellschaftskasse einzuzahlen.

§ 7.

Die Gesellschafter erhalten auf die Strompreise einen Rabatt von ... %, bei allen nach dem .... eintretenden Gesellschaftern bestimmt der Aufsichtsrat die Höhe des Anteils, den der neu eintretende Gesellschafter zu übernehmen hat, um in den Genuß der .... % Strompreisermäßigung zu gelangen.

§ 8.

Die Einlage eines Gesellschafters muß mindestens 500 M betragen. Höhere Einlagen müssen durch 100 teilbar sein. Je 100 M der Einlage gewähren dem Inhaber eine Stimme in der Versammlung der Gesellschafter.

Mit dieser Maßgabe und Beschränkung ist auch die Teilung von Geschäftsanteilen sowie die Veräußerung von Teilen eines Geschäftsanteils zulässig. Für die Veräußerung von Teilen eines Geschäftsanteils an andere Gesellschafter ist die Genehmigung der Gesellschafter nicht erforderlich; das gleiche gilt für die Teilung von Geschäftsanteilen verstorbener Gesellschafter unter deren Erben.

§ 9.

Die Dauer der Gesellschaft wird auf unbestimmte Zeit festgesetzt.

Verfassung und Geschäftsführung der Gesellschaft.

§ 10.

Die Organe der Gesellschaft sind:

a) der Geschäftsführer,
b) der Aufsichtsrat,
c) die Versammlung der Gesellschafter.

a) Der Geschäftsführer.

§ 11.

Die Gesellschaft wird durch einen Geschäftsführer vertreten, dessen Bestellung dem Aufsichtsrat zusteht. Die Gehaltsverhältnisse des Geschäftsführers werden durch besonderen Vertrag geregelt.

Die Zeichnung geschieht in der Weise, daß der Geschäftsführer zu der geschriebenen oder auf mechanischem Wege hergestellten Firma der Gesellschaft seine Namensunterschrift beifügt.

Sofern infolge Verhinderung des Geschäftsführers nach dem Ermessen des Aufsichtsrates eine Vertretung nötig wird, hat der Aufsichtsrat den Vertreter zu ernennen und über dessen Rechte und Pflichten das Erforderliche zu vereinbaren.

Die Bestellung eines Geschäftsführers darf nur, wenn wichtige Gründe es notwendig machen, widerrufen werden; befugt hierzu ist nur der Aufsichtsrat.

b) Der Aufsichtsrat.

§ 12.

Der Aufsichtsrat besteht aus ... Personen. Eine Änderung in den Personen des Aufsichtsrates bedarf weder der Anzeige an das Gericht noch der Bekanntmachung. Die Amtsdauer der Mitglieder des Aufsichtsrates beträgt .... Jahre. Nach Ablauf der Wahlzeit bleiben die Aufsichtsratsmitglieder so lange im Amte, bis die Neuwahlen vollzogen sind.

Die Mitglieder des Aufsichtsrates sind jederzeit zur Niederlegung ihres Amtes befugt, auch wenn ein wichtiger Grund nicht vorliegt.

Scheiden Mitglieder des Aufsichtsrates vor Ablauf ihrer Amtsdauer aus, so ist auf Antrag von mindestens zwei Gesellschaftern eine Ersatzwahl vorzunehmen.

Der Aufsichtsrat tritt nach jeder Neuwahl zusammen und wählt einen Vorsitzenden und dessen Stellvertreter. Die Beschlüsse des Aufsichtsrates werden mit Stimmenmehrheit, und zwar entweder in den Versammlungen oder durch Einholung schriftlicher Äußerungen, gefaßt.

Bei Stimmengleichheit entscheidet die Stimme des Vorsitzenden, bei dessen Abwesenheit die Stimme seines Stellvertreters.

§ 13.

Der Genehmigung des Aufsichtsrates bedürfen folgende Handlungen des Geschäftsführers:

1. Der Erwerb, die Veräußerung und die Belastung von Grundstücken.
2. Die Aufnahme von Darlehen und die Ausgabe von Schuldverschreibungen.
3. Alle Neu- und Umbauten sowie Reparaturen, sofern deren Gesamtaufwand jährlich mehr als ...... M erfordert.
4. Die Eingehung und Auflösung von Pacht- und Mietsverträgen, die Ausdehnung und Einschränkung des Geschäfts, die Errichtung von Filialen.
5. Die Anschaffung von Maschinen, Geräten und anderen Gegenständen, sofern die Gesamtausgabe dafür jährlich mehr als ..... M beträgt.
6. Der Abschluß von Verträgen, bei denen besondere Vereinbarungen hinsichtlich der Strompreise bedungen werden sollen, sowie der Abschluß von Verträgen mit solchen Abnehmern, welche für mehr als ...... M Strom pro Jahr abnehmen werden.
7. Die Anstellung des Geschäftspersonals mit einer längeren als dreimonatlichen Kündigung und mit einem Jahresgehalt von mehr als ..... M; desgleichen die Erteilung einer Postvollmacht.

Der Aufsichtsrat ist ferner befugt, die Gegenstände, über welche die Versammlung der Gesellschafter beschließen soll, sowie die Bilanz festzusetzen.

Der Aufsichtsrat erhält eine nach der Kopfzahl zu verteilende feste Vergütung von insgesamt ..... M und Ersatz seiner Auslagen, die als Geschäftsunkosten gelten. Außerdem erhält er von dem Reingewinn ... % unter Anrechnung jedoch der obenerwähnten ..... M.

c) Die Versammlung.

§ 14.

Alljährlich findet spätestens innerhalb dreier Monate nach Ablauf des Geschäftsjahres eine ordentliche Versammlung statt.

Die Leitung der Versammlung gebührt dem Vorsitzenden des Aufsichtsrats, bei dessen Verhinderung seinem Stellvertreter.

Der Ort der Versammlung ist ...., sofern nicht der Aufsichtsrat einen anderen Ort bestimmt.

Die Berufung erfolgt mindestens eine Woche vor der Versammlung; dabei ist der Tag, an welchem die Zeitung erscheint oder der Brief abgesandt wird, sowie der Tag der Versammlung nicht mitzurechnen.

Die Versammlung ist beschlußfähig, wenn mindestens ein Viertel der Gesellschafter erschienen ist, und die erschienenen Gesellschafter mindestens die Hälfte des Stammkapitals vertreten.

Kommt eine beschlußfähige Versammlung nicht zustande, so ist eine neue Versammlung zu berufen, die dann ohne Rücksicht auf die Zahl der erschienenen Gesellschafter und die Höhe des vertretenen Stammkapitals beschlußfähig ist.

Die von der Versammlung gefaßten Beschlüsse sind in ein Protokollbuch einzutragen und von dem Vorsitzenden des Aufsichtsrats zu unterschreiben.

§ 15.

Die Bilanz ist von dem Geschäftsführer in den ersten zwei Monaten nach Schluß des Geschäftsjahres aufzustellen und alsdann vom Aufsichtsrate zu prüfen. Über die Genehmigung der Bilanz sowie über die Verwendung des Reingewinnes beschließt die ordentliche Versammlung der Gesellschafter nach Vorschlag des Aufsichtsrates. Die Genehmigung der Bilanz schließt die Entlastung des Geschäftsführers und des Aufsichtsrates in sich.

§ 16.

Der Reingewinn wird verteilt wie folgt:

a) Von dem Reingewinn sind bis zu .. % an die Besitzer sämtlicher Geschäftsanteile zu gewähren.

b) Von dem hiernach verbleibenden Reingewinn wird die vertragsmäßige Tantieme zunächst an den Geschäftsführer und dann ... % an den Aufsichtsrat gezahlt. (§ 12.)

c) Der Rest ist zur Verfügung der Generalversammlung zu halten.

§ 17.

Änderungen des Gesellschaftsvertrages können nur mit einer Mehrheit von drei Vierteln des Stammkapitals beschlossen werden.

§ 18.

Im Fall der Auflösung erfolgt die Liquidation durch den Geschäftsführer, wenn sie nicht durch den Aufsichtsrat anderen Personen übertragen wird.

§ 19.

Die Bekanntmachungen der Gesellschaft erfolgen durch die .....
....

Statut einer eingetragenen Genossenschaft mit beschränkter Haftpflicht.

Errichtung der Genossenschaft.

§ 1.

Die Unterzeichneten errichten eine Genossenschaft zum Behufe der Förderung des Erwerbs und der Wirtschaft ihrer Mitglieder mittels gemeinschaftlichen Geschäftsbetriebes unter der Firma: .... eingetragene Genossenschaft mit beschränkter Haftpflicht mit dem Sitze zu ....

§ 2.

Gegenstände des Unternehmens sind:

....

....

§ 3.

Die Mitgliedschaft können alle Personen erwerben, welche sich durch Verträge verpflichten können und ihren Wohnsitz in .... haben.

§ 4.

Zum Erwerb der Mitgliedschaft bedarf es einer von dem Beitretenden zu unterzeichnenden, unbedingten Erklärung des Beitritts und eines Aufnahmebeschlusses des Vorstandes.

§ 5.

Jeder Genosse hat das Recht, mittels Aufkündigung seinen Austritt aus der Genossenschaft zu erklären.

Die Aufkündigung findet nur zum Schlusse eines Geschäftsjahres statt. Sie muß .... vorher schriftlich erfolgen.

§ 6.

Ein Genosse, welcher den Wohnsitz in dem Bezirk der Genossenschaft aufgibt, kann zum Schluß des Geschäftsjahres seinen Austritt aus der Genossenschaft schriftlich erklären. In gleicher Weise kann auch die Genossenschaft dem Genossen schriftlich erklären, daß er zum Schluß des Geschäftsjahres auszuscheiden habe.

§ 7.

Die Übertragung des Geschäftsguthabens im Sinne des § 76 des Gesetzes ist unter Zustimmung des Aufsichtsrates zulässig.

§ 8.

Der Ausschluß eines Genossen aus der Genossenschaft kann durch Beschluß der Generalversammlung außer aus den im § 68 des Gesetzes sich ergebenden Gründen auch in den Fällen erfolgen, in welchem ein Genosse gegen das Interesse der Genossenschaft handelt oder seinen gegen die Genossenschaft eingegangenen Verpflichtungen nicht nachkommt oder gegen die Geschäftsordnung der Genossenschaft, welche ein integrierender Bestandteil dieses Statutes ist, verstößt.

§ 9.

Die Auseinandersetzung der Genossen und der Genossenschaft erfolgt nach Vorschrift der §§ 73—75 des Genossenschaftsgesetzes.

§ 10.

Das Rechtsverhältnis der Genossenschaft und der Genossen richtet sich nach dem Gesetze und den Bestimmungen dieses Statutes.

§ 11.

Jedes Mitglied der Genossenschaft hat das Recht:

1. in der Generalversammlung zu erscheinen sowie an den Beratungen, Abstimmungen und Wahlen derselben teilzunehmen;
2. die Einrichtungen der Genossenschaft nach Maßgabe der dafür getroffenen Bestimmungen zu benutzen;
3. nach Maßgabe dieses Statutes am Jahres-Überschusse teilzunehmen.

§ 12.

Jedes Mitglied der Genossenschaft hat die Pflicht:

1. den Bestimmungen des Statuts und der auf Grund desselben erlassenen Geschäftsordnung nachzukommen;
2. dem Interesse der Genossenschaft und den Beschlüssen derselben nicht zuwider zu handeln;
3. weder mittelbar noch unmittelbar an einem gleichen oder ähnlichen Unternehmen ohne Genehmigung der Generalversammlung sich zu beteiligen;
4. nach Bestimmung des § 27 Geschäftsanteile zu erwerben und die vorgeschriebenen Einzahlungen darauf zu leisten;
5. bei der Aufnahme ein in den Reservefonds fließendes Eintrittsgeld zu bezahlen, dessen Höhe von der Generalversammlung alljährlich festzustellen ist;
6. für die Verbindlichkeiten der Genossenschaft sowohl dieser wie unmittelbar den Gläubigern derselben gegenüber bis zum Be-

trage von je .... M (Haftsumme) für jeden erworbenen Geschäftsanteil nach Maßgabe des Genossenschaftsgesetzes zu haften (beschränkte Haftpflicht).

Vorstand.

§ 13.

Die Genossenschaft wird durch den Vorstand gerichtlich und außergerichtlich vertreten.

Der Vorstand besteht aus dem Direktor und bis zu ... weiteren Mitgliedern, von welchen eines als Stellvertreter des Direktors zu bestellen ist.

Der Vorstand wird von der Generalversammlung gewählt.

Alle zwei Jahre scheidet ein Mitglied aus und wird durch Neuwahl ersetzt. Die zuerst Ausscheidenden werden von dem Aufsichtsrate durch das Los bestimmt, später entscheidet das Dienstalter. Wiederwahl ist zulässig.

Bei Ausscheiden oder bei dauernder Behinderung von Vorstandsmitgliedern im Laufe der Wahlperiode hat der Aufsichtsrat bis zur nächsten Generalversammlung, in welcher die Ersatzwahl stattzufinden hat, Stellvertretung anzuordnen.

§ 14.

Die Willenserklärung und Zeichnung für die Genossenschaft muß durch zwei Vorstandsmitglieder erfolgen, wenn sie Dritten gegenüber Rechtsverbindlichkeit haben soll.

Die Zeichnung geschieht in der Weise, daß die Zeichnenden zu der Firma der Genossenschaft ihre Namensunterschrift fügen.

§ 15.

Der Vorstand führt die Geschäfte der Genossenschaft unter Beachtung der gesetzlichen und statutarischen Bestimmungen nach Maßgabe der ihm erteilten Dienstanweisung und der sonstigen Beschlüsse der Generalversammlung. Er hat die ihm obliegenden Pflichten gewissenhaft zu erfüllen, insbesondere ist er der Genossenschaft gegenüber verpflichtet, die Beschränkungen einzuhalten, welche für den Umfang seiner Befugnis, die Genossenschaft zu vertreten, durch Gesetz, Statut oder durch Beschlüsse der Generalversammlung festgesetzt sind.

Der Vorstand hat mindestens .. Sitzungen im Jahre abzuhalten. Über die gepflogenen Verhandlungen und die gefaßten Beschlüsse ist ein Protokoll aufzunehmen. Der Vorsitzende des Aufsichtsrates ist rechtzeitig unter Bekanntgabe der Tagesordnung zu den Vorstandssitzungen einzuladen.

Aufsichtsrat.

§ 16.

Der Aufsichtsrat besteht aus ...... von der Generalversammlung in einem Wahlgang auf drei Jahre zu wählenden Mitgliedern. Er ernennt aus seiner Mitte einen Vorsitzenden und einen Stellvertreter desselben.

Alljährlich scheidet ein Drittel aus und wird durch Neuwahl ersetzt; In den beiden ersten Jahren entscheidet über den Austritt das Los, später das Dienstalter. Wiederwahl ist zulässig.

Beim Ausscheiden oder bei dauernder Behinderung von mehr als einem Drittel der Aufsichtsratsmitglieder im Laufe der Wahlperiode ist innerhalb der nächsten drei Monate Ersatzwahl vorzunehmen.

Die Mitglieder des Aufsichtsrates dürfen keine nach dem Geschäftsergebnis bemessene Vergütung beziehen; sie üben ihr Amt als Ehrenamt aus.

Die Bestellung zum Mitgliede des Aufsichtsrates kann auch vor Ablauf des Zeitraumes, für welchen dasselbe gewählt ist, durch die Generalversammlung widerrufen werden.

§ 17.

Die Mitglieder des Aufsichtsrates dürfen nicht zugleich Mitglieder des Vorstandes oder dauernd Stellvertreter desselben sein, auch nicht als Beamte die Geschäfte der Genossenschaft führen.

§ 18.

Die Sitzungen des Aufsichtsrates finden unter der Leitung des Vorsitzenden in regelmäßigen, durch die Dienstanweisung festgesetzten Zwischenzeiten mindestens .... mal jährlich statt, außerdem auf besondere Berufung durch den Vorsitzenden, wobei die Tagesordnung vorher bekannt zu geben ist.

Eine Aufsichtsrats-Sitzung muß von dem Vorsitzenden berufen werden, wenn ein Drittel der Mitglieder des Aufsichtsrates oder der Vorstand unter schriftlicher Angabe der zur Verhandlung zu stellenden Gegenstände dies beantragen.

Der Aufsichtsrat ist beschlußfähig, wenn mindestens die Hälfte seiner Mitglieder in der Sitzung zugegen ist; er faßt seine Beschlüsse nach Stimmenmehrheit der Erschienenen. Bei Stimmengleichheit gilt der Antrag als abgelehnt.

Die Beschlüsse sind sofort in das mit Seitenzahlen versehene Protokollbuch des Aufsichtsrates einzutragen und von dem Vorsitzenden und einem weiteren Mitgliede zu unterzeichnen.

Generalversammlung.

§ 19.

Die Rechte, welche den Genossen in den Angelegenheiten der Genossenschaft, insbesondere in bezug auf die Führung der Geschäfte, die Prüfung der Bilanz und die Verteilung von Gewinn (siehe § 11 Absatz 3 und § 34 des Statutes) und Verlust zustehen, werden in der Generalversammlung durch Beschlußfassung der erschienenen Genossen ausgeübt.

Jeder Genosse hat eine Stimme.

Ein Genosse, welcher durch die Beschlußfassung entlastet oder von einer Verpflichtung befreit werden soll, hat hierbei kein Stimmrecht. Dasselbe gilt von einer Beschlußfassung, welche den Abschluß eines Rechtsgeschäftes mit einem Genossen betrifft.

Die Genossen können, abgesehen von den in § 43 Abs. 4 des Gen.-Ges. vorgesehenen Fällen, das Stimmrecht nicht durch Bevollmächtigte ausüben. Ein Bevollmächtigter kann nicht mehr als einen Genossen vertreten.

§ 20.

Die Generalversammlung wird durch den Vorstand berufen. Im Falle der Verzögerung und in den sonstigen durch das Gesetz oder Statut bestimmten Fällen ist der Aufsichtsrat dazu befugt.

§ 21.

Die Berufung der Generalversammlung muß mit einer Frist von mindestens einer Woche den Genossen schriftlich bekanntgegeben werden und ist, wenn sie vom Vorstande ausgeht, von diesem in der nach § 14 vorgeschriebenen Weise, wenn sie vom Aufsichtsrate ausgeht, unter Benennung desselben vom Vorsitzenden, und wenn sie von den durch das Gericht dazu ermächtigten Genossen ausgeht, von diesen zu unterzeichnen.

Der Zweck der Generalversammlung soll jederzeit bei der Berufung bekanntgemacht werden. Über Gegenstände, deren Verhandlung nicht in der oben vorgeschriebenen Form mindestens drei Tage vor der Generalversammlung angekündigt ist, können Beschlüsse nicht gefaßt werden; hiervon sind jedoch Beschlüsse über den Vorsitz in der Generalversammlung sowie über Anträge auf Berufung einer außerordentlichen Generalversammlung ausgenommen.

Anträge, über welche nur verhandelt, aber kein Beschluß gefaßt werden soll, brauchen nicht in der Einladung angekündigt zu werden.

§ 22.

Die ordentliche Generalversammlung hat innerhalb der ersten fünf Monate nach Ablauf des Geschäftsjahres stattzufinden.

Der Beratung und Beschlußfassung der ordentlichen Generalversammlung unterliegen insbesondere Jahresrechnung und Bilanz sowie Verteilung von Gewinn (§ 11 Abs. 3 und § 34) und Verlust.

§ 23.

Der Vorsitz in der Generalversammlung gebührt dem Vorsitzenden des Aufsichtsrates; er kann durch Beschluß der Versammlung jederzeit einem anderen Genossen übertragen werden. Der Vorsitzende ernennt zur Protokollaufnahme einen Schriftführer sowie die erforderliche Anzahl Stimmzähler.

§ 24.

Die Abstimmung erfolgt bei Wahlen durch Stimmzettel. Ergibt die erste Abstimmung keine unbedingte Mehrheit, so finden weitere engere Wahlen zwischen den Höchstbestimmten in der doppelten Zahl der zu Wählenden statt, bei welchen derjenige als gewählt erscheint, welcher die meisten Stimmen auf sich vereinigt.

Wahl durch allgemeinen Zuruf kann stattfinden, wenn diese Wahlart beantragt und auf ergehende Aufforderung von keiner Seite dagegen Widerspruch erhoben wird.

In allen anderen Angelegenheiten wird durch Aufstehen und Sitzenbleiben abgestimmt.

§ 25.

Die in der Generalversammlung mit Stimmenmehrheit gefaßten Beschlüsse haben verbindliche Kraft, sofern die Einladung gehörig erfolgt ist, und die Gegenstände der Tagesordnung rechtzeitig bekannt gegeben wurden.

Beschlüsse über Abänderung und Ergänzung des Statutes, der Geschäftsordnung, der Dienstanweisung für Vorstand und Aufsichtsrat, Erwerb, Veräußerung und Belastung von Grundeigentum, über Aufnahme und Ausschließung eines Genossen sowie über Enthebung des Vorstandes, des Aufsichtsrates oder einzelner Mitglieder derselben von ihrem Amte bedürfen zu ihrer Gültigkeit einer Mehrheit von drei Vierteilen der erschienenen Genossen.

Der Beschluß über Auflösung und Liquidation der Genossenschaft ist nur dann gültig, wenn derselbe gleichlautend in zwei zu diesem Zwecke zu berufenden, innerhalb eines Zeitraumes von vierzehn Tagen aufeinanderfolgenden Generalversammlungen jedesmal mit einer Mehrheit von drei Vierteilen der Stimmen der Anwesenden gefaßt wurde.

Zur Gültigkeit der Beschlüsse über Abänderung und Ergänzung des Statuts, Genehmigung und Abänderung der Geschäftsordnung, Erwerb, Veräußerung und Belastung von Grundeigentum ist außerdem erforderlich, daß die vorgeschriebene Stimmenmehrheit die Hälfte des Gesamtbetrages der Haftsummen aller Mitglieder der Genossenschaft in sich vereinigt. Wird die vorgeschriebene Stimmenmehrheit nicht erreicht, so kann eine neue Generalversammlung einberufen werden, in welcher alsdann der Gegenstand der Beschlußfassung auch bei geringerer Beteiligung rechtsgültig erledigt werden kann.

Die Beschlüsse der Generalversammlung sind in das mit Seitenzahlen versehene Protokollbuch der Generalversammlung, dessen Einsicht nach Maßgabe des Gesetzes jedem Genossen und der Staatsbehörde gestattet werden muß, einzutragen und von dem Vorsitzenden, dem Schriftführer und einem Mitgliede aus der Generalversammlung zu unterzeichnen. Dieselbe Beurkundungsform soll auch für die Beschlüsse der konstituierenden Versammlung Anwendung finden.

§ 26.

Die von der Genossenschaft ausgehenden öffentlichen Bekanntmachungen erfolgen unter der Firma der Genossenschaft, gezeichnet von zwei Vorstandsmitgliedern; die von dem Aufsichtsrate ausgehenden erfolgen unter Benennung desselben, von dem Vorsitzenden unterzeichnet.

Sie sind in (Zeitungen) .... aufzunehmen.

Beim Eingehen dieser Blätter haben die Bekanntmachungen bis zur nächsten Generalversammlung durch .... zu erfolgen.

Geschäftsanteile.

§ 27.

Der Geschäftsanteil, welchen jeder einzelne Genosse übernehmen muß, wird auf .... M festgesetzt.

Jeder Genosse ist verpflichtet, diesen Betrag sofort voll einzu zahlen.

Die Beteiligung auf weitere Geschäftsanteile ist zulässig.

Die höchste Zahl der Geschäftsanteile, auf welche ein Genosse sich beteiligen darf, beträgt......................

Reserven.

§ 28.

Es wird ein Reservefonds gebildet, welcher zur Deckung etwaiger aus der Bilanz sich ergebenden Verluste zu dienen hat.

Er wird gebildet durch die Eintrittsgelder, die nach der Geschäftsordnung demselben vertragsmäßig zufließenden Strafgelder sowie durch Überweisung von mindestens .... % des etwaigen jährlichen Überschusses.

Der Reservefonds soll mindestens auf die Summe von .... M gebracht und auf diesem Stande erhalten werden.

Die Bildung von besonderen Reserven geschieht nach Beschluß der Generalversammlung.

§ 29.

Der Vorstand stellt eine Geschäftsordnung über den gesamten Geschäftsbetrieb sowie nach Bedürfnis besondere Bestimmungen für jeden einzelnen Geschäftszweig auf. Dieselben bedürfen nach Vorberatung durch den Aufsichtsrat der Genehmigung der Generalversammlung.

§ 30.

Das Geschäftsjahr beginnt mit dem .... und endet am .... Der Vorstand hat sofort bei dessen Beendigung

1. eine genaue Inventur unter Zuziehung des Aufsichtsrates aufzunehmen und festzustellen,
2. für den Abschluß der Geschäftsbücher zu sorgen.

§ 31.

Die Führung der Bücher, der Abschluß der Bücher und Jahresrechnungen sowie die Aufstellung der Bilanzen hat nach kaufmännischen Grundsätzen zu erfolgen.

Bis zum .... nach Ablauf eines jeden Geschäfts jahres hat der Vorstand dem Aufsichtsrate vorzulegen:

1. eine Umsatzbilanz, Einnahmen und Ausgaben innerhalb des Jahres nachweisend;
2. eine den Vermögens-Zu- und Abgang des Jahres zusammenstellende Berechnung (Jahresrechnung);
3. eine Vermögens- (Abschluß-) Bilanz.

Verzögert oder versäumt der Vorstand die rechtzeitige Vorlage, so ist der Aufsichtsrat berechtigt, das Erforderliche auf Kosten des Vorstandes durch andere anfertigen zu lassen.

§ 32.

Jahresrechnung und Bilanz werden, nachdem sie von dem Aufsichtsrate geprüft sind, mindestens eine Woche vor der Generalversammlung in dem Geschäftslokale der Genossenschaft zur Einsicht der Genossen ausgelegt oder auf Beschluß des Aufsichtsrates jedem Genossen im Druck zugestellt, sodann mit den Vorschlägen des Aufsichtsrates über Überschuß- und Verlustverteilung der Generalversammlung zur Beschlußfassung und Entlastung des Vorstandes vorgelegt.

Der Generalversammlung steht das Recht zu, eine Kommission zur Nachrevision zu wählen.

§ 33.

Vom Überschuß (§ 11 Absatz 3) erhält zunächst der Reservefonds, solange derselbe noch nicht auf dem festgesetzten Betrage angelangt ist, mindestens ... % und dann die zum Schlusse des vorhergehenden Jahres nach erfolgter Zuschreibung vom Überschuß und nach Abschreibung vom Fehlbetrage ermittelten Geschäftsguthaben der Genossen bis zu ... % Zinsen. Der alsdann verbleibende Ersparnis-Überschuß muß nach Maßgabe des Jahresumsatzes der einzelnen Genossen an diese verteilt werden, falls derselbe nicht durch Beschluß der Generalversammlung auch noch dem Reservefonds überwiesen wird.

Die den Genossen zukommenden Anteilzinsen und Überschußanteile werden, insofern und insoweit nach Beschluß der Generalversammlung deren Zuschreibung zu den Geschäftsguthaben der einzelnen Genossen nicht stattfindet, jeweils am .... nach Schluß des Geschäftsjahres ausgezahlt.

§ 34.

Ergibt sich eine Unterbilanz, so ist zunächst der Reservefond zu ihrer Deckung zu benutzen. Nach Erschöpfung des Reservefonds werden die Geschäftsguthaben der Genossen, im Verhältnis ihrer Höhe zur Verlustdeckung benutzt, während darüber hinausgehende Verluste im Konkursverfahren von den Genossen nach Verhältnis ihrer Haftsummen und auf diese beschränkt erhoben werden.

Auflösung und Liquidation.

§ 35.

Auflösung und Liquidation erfolgen nach den Bestimmungen des Genossenschafts-Gesetzes.

Die über die Überschuß- und Verlustverteilung in diesem Statut enthaltenen Bestimmungen werden bei einer Auflösung und Liquidation sinngemäß angewandt.

Genossenschaftsverband.

§ 36.

Die Genossenschaft tritt dem „Verband der landwirtschaftlichen Genossenschaften der Provinz .... zu .... eingetragener Verein“ bei.

Der Verbandsdirektor bzw. der von demselben hierzu bevollmächtigte Vertreter und ein Verbandsrevisor sind berechtigt, den Generalversammlungen der Genossenschaft mit beratender Stimme beizuwohnen.

§ 37.

Alle Streitigkeiten über die Auslegung einzelner Bestimmungen dieses Statutes sowie späterer Gesellschafts-Beschlüsse werden durch Beschluß der Generalversammlung endgültig entschieden; es steht keinem Genossen dagegen eine weitere Berufung offen, und ist insbesondere der Rechtsweg hierüber ausgeschlossen, soweit der § 51 des G. G. nicht anders bestimmt.

§ 38.

Das erste Geschäftsjahr beginnt mit dem Tage der gerichtlichen Eintragung und endigt mit dem .... des Jahres ......

Drittes Kapitel.

Vorarbeiten der Gesellschaft für den Bau einer Überlandzentrale.

In dem Augenblick, in welchem auf Grund der Vorerhebungen eine Gesellschaft für den Bau einer Überlandzentrale gegründet ist, tritt die Pflicht an alle Beteiligten heran, die Verwirklichung des Unternehmens mit allen Mitteln zu unterstützen; gilt es doch von nun an, einer guten Sache zum Erfolg zu verhelfen. Das Ausdehnungsgebiet liegt fest, die Wirtschaftlichkeit ist in einwandsfreier Weise geprüft und hat ein günstiges Resultat ergeben, alle Möglichkeiten sind im voraus erwogen, so daß keine Überraschungen auftreten können, die Richtlinien für den Ausbau des Werkes sind durch das Gutachten der sachverständigen Stelle gegeben. Es scheint, als wenn eine unter den geschilderten Bedingungen entstandene Gesellschaft ohne Verzug den Bau der Überlandzentrale bewerkstelligen könnte; dieses Vorgehen wäre aber zu verurteilen; die Ergebnisse der Vorerhebungen genügten zwar zur Gründung der Gesellschaft, sie sind aber noch nicht ausreichend zum Bau der Anlage. Zunächst gilt es, die Faktoren, welche in die Berechnungen auf Grund der Vorerhebungen eingesetzt sind, sicherzustellen, ehe zur Ausführung der Anlage geschritten wird; wer steht dafür ein, daß nicht die in den Fragebogen gemachten Angaben insbesondere bezüglich Anschluß und Kapitalbeteiligung einer starken Korrektur bedürfen, oder nicht plötzliche Gegenströmungen auftreten, die eine Zersplitterung des Bezirks zur Folge haben würden. Die geschäftsführenden Organe der Gesellschaft tragen die Verantwortung für die gewissenhafte Durchführung des Unternehmens und sollten deshalb nicht eher eine Entscheidung in der Frage des Baues herbeiführen, als bis alle Voraussetzungen endgültig erfüllt sind.

Folgende Vorarbeiten gehören hiernach unbedingt noch zu den Vorbereitungen und müssen ihre Erledigung finden, bevor die Inangriffnahme des Baues beschlossen werden kann:

1. Werbung von Aktien- bzw. Anteilzeichnungen. Es sollte nicht eher mit dem Bau begonnen werden, als bis mindestens ⅓ des voraus-

sichtlich benötigten Anlagekapitals durch Aktien bzw. Anteile aufgebracht ist. Ganz besonderer Wert ist auf die Beteiligung von Kreisen, Städten und Gemeinden an dem Unternehmen zu legen.

2. Einziehung von Anmeldungen auf Kraft- und Lichtinstallationen. Diese Anmeldungen müssen Zahl, Größe und Zweck der benötigten Motoren und Lampen erkennen lassen. Zur Einholung der Anmeldungen sind den Interessenten Kostenberechnungen über Hausinstallationen (Seite 68) zu erteilen. Diesen sogenannten Vorkostenanschlägen werden Einheitspreise zugrunde gelegt, welche so kalkuliert sind, daß unter normalen Verhältnissen eine Überschreitung bei endgültiger Ausführung der Anlage nicht zu erwarten ist. Es wäre natürlich wünschenswert, wenn die auf diese Weise eingeholten Anmeldungen als bindend betrachtet werden könnten; das wird aber nur in den wenigsten Fällen durchführbar sein, weil sich naturgemäß jeder Interessent gern so lange seine endgültige Entschließung vorbehält, bis über den Bau der Zentrale entschieden ist.

Die Einholung der Konsumanmeldungen sowie der Anteilzeichnungen erfordert eine intensive Agitation. Dieselbe wird zweckmäßig Elektrizitätsfirmen übertragen, die wegen der zu erwartenden Aufträge auf Lieferungen und Arbeiten ein großes Interesse an dem Zustandekommen der Überlandzentrale besitzen. Es wird sich bei geschickter Auswahl der Firmen erreichen lassen, daß diese Agitationsarbeiten von denselben kostenlos und ohne Verbindlichkeit für die Gesellschaft übernommen werden. Die beteiligten Firmen werden im Allgemeinen damit rechnen können, daß die Gesellschaft sie bei späterer Vergabe der Anlagen in erster Linie berücksichtigt; Voraussetzung bleibt freilich dabei, daß die Hinzuziehung von Konkurrenz bei Abschluß der Lieferungsverträge nicht eingeschränkt wird. Je nach der Anzahl der für die Agitationsarbeiten zugelassenen Elektrizitätsfirmen wird das Versorgungsgebiet in verschiedene Bezirke eingeteilt, die zweckmäßig durch Los an die Firmen vergeben werden. Die Firmen sind ganz besonders darauf hinzuweisen, daß die Werbung von Mitgliedern und Konsumenten nur in einwandsfreier, maßvoller Weise betrieben und kein Zwang auf die Interessenten ausgeübt werden darf.

3. Zur Förderung der Anteilzeichnungen und Konsumanmeldungen muß ferner ein Stromtarif entworfen werden.

Es ist dringend zu empfehlen, die Strompreise den Verhältnissen der Gegend anzupassen und keinesfalls zu niedrig anzusetzen. Für genossenschaftliche Überlandzentralen wird die Einführung des Anteiltarifs in Vorschlag gebracht. (Seite 56.)

4. Unentbehrlich für den Baubeschluß einer Überlandzentrale sind die Konzessionsverträge mit den Gemeinden des in Aussicht genommenen Stromversorgungsgebietes.

Erst der Abschluß dieser Verträge sichert der Gesellschaft den konkurrenzlosen Bau und Betrieb ihres Werkes. Diese Konzessionsverträge müssen der Gesellschaft hinreichende Bewegungsfreiheit nach wirtschaftlichen Gesichtspunkten bei dem Ausbau der Anlage gewähren.

5. Den Konzessionsverträgen mit den Gemeinden sind Stromlieferungsbedingungen zugrunde zu legen, welche das künftige Verhältnis zwischen Zentrale und Stromabnehmern regeln sollen.

6. Es sind Verhandlungen mit den im Bezirk ansässigen Elektrizitätswerken bzw. industriellen Etablissements wegen Strombezug zu führen und gegebenenfalls ein Strombezugsvertrag vorbehaltlich der Genehmigung der Generalversammlung abzuschließen.

7. Schließlich ist die Finanzierung des Unternehmens durch Vorverträge mit geeigneten Geldinstituten sicherzustellen. Allgemein gültige Regeln lassen sich für die Finanzierung nicht aufstellen; in jedem Staat, jeder Provinz, jedem Kreise sind die Verhältnisse andersartig gestaltet; überall ist aber heute unter Mithilfe von Behörden und Regierung die Möglichkeit gegeben, billigen Kredit zu erhalten.

Eine empfehlenswerte Form der Beteiligung für genossenschaftliche Überlandzentralen ergibt sich durch die Übernahme der Zinsgarantie von seiten der beteiligten Landkreise. Auf Grund dieser Garantien können der Überlandzentrale im Wege der öffentlichen Teilschuldverschreibungen oder durch Inanspruchnahme des Provinzial-Hilfsfonds bzw. der Kreissparkassen usw. billige Geldquellen erschlossen werden.

Die vorstehend behandelten Vorarbeiten liefern ein sicheres und zuverlässiges Material zur Aufstellung eines endgültigen Kostenanschlags und einer Rentabilitätsberechnung. Es bedarf wohl kaum des Hinweises, daß auch für diese Arbeiten die Inanspruchnahme einer völlig unparteiischen Beratungsstelle unter allen Umständen geboten ist. Das Resultat dieser letzten Berechnungen entscheidet über das Schicksal des Projektes. Es wird sich in den wenigsten Fällen allerdings die Anlage in dem vollen Umfang als rentabel erweisen, da trotz der intensiven Aufklärung und Akquisition die Beteiligung in vielen Ortschaften oft zu wünschen übrig läßt. Darauf kommt es aber für die Beurteilung des Projektes nicht so sehr an, da der Ausbau des ganzen Netzes ohnedies zweckmäßig nach und nach erfolgt, so daß die weniger günstigen Ortschaften später angeschlossen werden können. Notwendig ist nur, daß eine Kombination der konsumreichsten Ortschaften des ganzen Bezirks möglich ist, welche mit Sicherheit eine Wirtschaftlichkeit für diesen sogenannten „Ersten Ausbau" erkennen läßt. Der erste Ausbau bildet den Grundstock der Überlandzentrale; Erweiterungen können jederzeit, jedoch nur auf Grund eines Rentabilitätsnachweises vorgenommen werden. Da der Bezirk der Überlandzentrale durch die Gemeindekonzessionen für immer festliegt, so ist eine Gefahr der Zersplitterung auch für später nicht vorhanden.

Nachdem die vorstehend bezeichneten Arbeiten eine für das Unternehmen günstige und ausreichende Erledigung gefunden haben, sind die unbedingt notwendigen Voraussetzungen für das Gelingen der Überlandzentrale erfüllt; es kann nunmehr die Herbeiführung des Baubeschlusses erfolgen.

Im nachfolgenden soll zunächst ein Stromtarif für genossenschaftliche Überlandzentralen, der sogenannte „Anteiltarif", erläutert werden.

Anteiltarif für genossenschaftliche Überlandzentralen.

Die Schwäche der ländlichen Überlandzentralen, die in der schlechten Ausnutzung der Anlagen durch die Landwirtschaft zu suchen ist, kann nur durch eine solide finanzielle Basis der Unternehmungen ausgeglichen werden.

Trotz der tatkräftigen Unterstützung, welche seit einiger Zeit die Überlandzentralen von seiten der Regierung und aller anderen Behörden durch relativ billige Darlehen, durch Konzessionsgewährungen usw. erfahren, bleibt aber doch als Kardinalbedingung für die Rentabilität der ländlichen Überlandzentralen die Aufbringung eines möglichst großen eigenen Kapitals bestehen. Die Wirtschaftlichkeit der genossenschaftlichen Überlandzentralen steht und fällt gewissermaßen mit der Höhe des eigenen Kapitals.

Um eine ausgiebige und starke Kapitalbeteiligung aller Mitglieder herbeizuführen, suchte man schon lange nach einem geeigneten Mittel, den Mitgliedern die Beteiligung in irgendeiner Form aufzunötigen. Es war hier und da ins Auge gefaßt worden, die Aufnahme der Mitglieder in die Genossenschaft von der Übernahme einer bestimmten Anzahl von Anteilen, welche der Morgenzahl des Landbesitzes proportional sein sollte, abhängig zu machen. Dieser statutarische Zwang begegnete aber naturgemäß sehr starken Bedenken. Da in den Genossenschaften die Verzinsung der Anteile gesetzlich erst erfolgen darf, wenn die Einnahmen nach Abschreibung der Anlage usw. einen Überschuß ergeben, so übernimmt der Genosse mit mehreren Anteilen gegenüber dem Genossen mit nur einem Anteil ein nicht unbedeutendes Risiko, ohne daß ihm vorderhand ein sicheres und ausreichendes Äquivalent dafür geboten wird. Diese wichtige Anteilfrage soll nun eine Lösung durch den unten beschriebenen Stromtarif für genossenschaftliche Überlandzentralen (Anteiltarif) finden.

Der Entwurf des Anteiltarifs entspringt der Überlegung, daß die Genossenschaft für das ihr durch Anteile gebotene Kapital den Strom um so viel billiger abgeben kann, als eine normale Verzinsung und Amortisation dieses Kapitals ausmacht, weil dasselbe Kapital, im anderen Falle durch Anleihen aufgebracht, notwendige Abgaben für die Genossenschaft bedingen würde.

Zunächst soll der Anteiltarif für Kraft besprochen werden; da man diesen Krafttarif zweckmäßig mit dem Benutzungsdauerrabatt vereinigt, wird der letztere der Vollständigkeit halber mit in die Betrachtungen eingeschlossen. Der kombinierte Tarif ist auf folgenden Prinzipien aufgebaut:

1. Jedem Konsumenten muß die Möglichkeit geboten werden, sich Anteile zu erwerben, ohne daß für ihn ein Risiko durch den eventuellen Ausfall der Verzinsung dieser Anteile entsteht.

2. Unter Berücksichtigung der genossenschaftlichen Gleichberechtigung aller Mitglieder muß die Anteilzahl in ein Abhängigkeitsverhältnis zur Quantität und Gleichmäßigkeit des Stromkonsums gebracht werden.

3. Allen Konsumenten, welche den elektrischen Strom in einer für die Zentrale besonders vorteilhaften Weise ausnutzen, wie z. B. Industrielle, Handwerker, Gewerbetreibende und ähnliche Erwerbszweige, muß auch ohne Übernahme von Anteilen eine Strompreisermäßigung geboten werden.

Die Erfüllung der ersten Forderung macht keine Schwierigkeiten; es bedarf nur der Staffelung des Strompreises im Verhältnis zur Anteilzahl.

Die zweite Forderung wird in folgender Weise erfüllt: Für eine bestimmte Anzahl von Anteilen wird nur ein beschränktes Stromquantum pro Jahr, der sogenannte Anteilkonsum, zu einem festgesetzten ermäßigten Preis geliefert, während der Mehrverbrauch zum vollen Grundpreis zu bezahlen ist. Diese Tarifbestimmung, welche den neuen Anteiltarif charakterisiert, stellt demnach die umgekehrte Anwendung eines Konsumrabattsystems dar. Die Form dieses Tarifes schmiegt sich eng an die Prinzipien der Genossenschaftsorganisation an, insofern als durch geschickte Staffelung des Tarifes den kleinbäuerlichen Genossen fast die gleichen Vergünstigungen geboten werden können wie dem reichen Genossen, wenn die Beteiligung beider Klassen im gleichen Verhältnis zum Grundbesitz erfolgt.

Die Festsetzung des Anteilkonsums wird bei vorwiegend landwirtschaftlichen Genossenschaften dadurch erleichtert, daß der Stromkonsum für landwirtschaftliche Betriebe naturgemäß in einem festen Verhältnis zur kornbebauten Fläche des Landbesitzes steht. Man kann erfahrungsgemäß bei der in den meisten Gegenden Deutschlands üblichen

Getreidebebauung des Landes mit einem jährlichen Stromverbrauch bis zu ca. 5 KW-Stunden pro Morgen Gesamtbesitz und Jahr für Dreschzwecke und bis zu 1 KW-Stunde pro Morgen für Futterschneid-, Schrot- und andere hauswirtschaftliche Zwecke rechnen. Diesen Konsumbedürfnissen entsprechend muß natürlich die Staffelung der Konsumanteile derart vorgenommen werden, daß die Höhe der Anteil- und Haftsummen noch in den Grenzen der finanziellen Leistungsfähigkeit der Anteilkonsumenten bleibt.

Die dritte Forderung des Tarifs läßt sich durch einen einheitlichen Rabatt auf die Benutzungsdauer der installierten bzw. der Höchstleistung erfüllen. Dieser Benutzungsdauerrabatt braucht keine Einschränkung zu erfahren, sondern kann allgemein auf alle Konsumenten, Genossen und Nichtgenossen, Industrielle, wie Landwirte usw., ausgedehnt werden, weil er für alle Konsumenten ohne Unterschied eine durchaus gerechtfertigte Vergünstigung für die gleichmäßige Ausnutzung der Zentrale bedeutet.

Das nachstehende theoretische Beispiel eines Anteilkrafttarifs in Verbindung mit dem Benutzungsdauerrabatt (Tabelle I), welcher auf dem Grundpreis von 25 Pf. pro KW-Stunde für Nichtgenossen und 20 Pf. für Genossen basiert, mag zunächst als Erläuterung des Vorhergesagten dienen. Die Höhe eines Anteils ist zu 200 M angenommen. Als selbstverständlich gilt hierbei, daß die Genossenschaft außerdem den Vorbehalt macht, mit größeren Industriellen besondere Stromlieferungsverträge, welche auf gegenseitigen Garantien basieren, abzuschließen.

Der Anteiltarif besagt, daß für die in der ersten Zeile der Tabelle I angegebene Anteilzahl die in Zeile 2 festgesetzte Strommenge pro Jahr zu dem in Zeile 3 angegebenen Preis pro KW-Stunde geliefert wird, während der übrige Strom mit 20 Pf. zu bezahlen ist. Die Staffelung des Anteilkonsumrabattes kann natürlich für alle Anteile von 1 bis 50 vervollständigt werden; der Kürze wegen habe ich hiervon abgesehen.

Tabelle I.

Anteilkrafttarif für genossenschaftliche Überlandzentralen.

A. Anteilkonsumrabatt.

1. Anteilzahl . .	0	1	2	3	5	10	15	20	30	40	50
2. Anteilkonsum p. Jahr in KW-Std.	beliebig		250	500	1000	2200	3200	4200	6200	7950	9000
3. Anteilpreis p. KW-Std. in Pf.	25	20	16,6	16,6	16,6	16,4	16,1	15,9	15,4	14,9	14

Für jeden weiteren Anteil über 50 erhöht sich der Anteilkonsum um 200 KW-Std. zum Anteilpreise von 14 Pfg. p. KW-St.

B. Benutzungsdauerrabatt.

Der Strom, welcher über eine mittlere jährliche Benutzungsdauer von 600 Stunden der installierten Höchstleistung hinaus entnommen wird, kostet 10 Pf. pro KW-Stunde.

Es wäre nun im folgenden an Hand dieses Beispiels zweierlei nachzuweisen: erstens, daß der Anteilkonsumrabatt den Mitgliedern ein ausreichendes Äquivalent für etwa ausfallende Verzinsung der übernommenen Anteile bietet, und zweitens, daß der Anteilkonsumrabatt für die Genossenschaft tatsächlich nicht mehr als eine mäßige Verzinsung und Amortisation der Anteile bedeutet.

Es müßten bei dieser Untersuchung eigentlich die Vergünstigungen mit in Betracht gezogen werden, welche der Anteilkonsument, wie später gezeigt wird, außer auf Kraftstrom auch gleichzeitig auf Lichtstrom erhält; um aber den Einwendungen vorzubeugen, daß bei der hohen Ökonomie der Metallfadenlampen die Kosten für den Lichtstrom ohnedies nicht hoch ausfallen, soll für diese Rechnungen lediglich der Anteilkonsumrabatt für Kraftstrom berücksichtigt werden.

In Tabelle II sind nun der jährliche Überschuß (Zeile 4) bei Anwendung des Anteilkonsumrabattes sowie der sich hieraus ergebende jährliche Reingewinn (Zeile 6) für Anteilkonsumenten unter der Annahme berechnet, daß die Verzinsung der Mehranteile (Zeile 3) seitens der Genossenschaft völlig ausbleibt.

Tabelle II.
Gewinnberechnung für Anteilkonsumenten.

1. Anteilkonsum p. Jahr in KW-Std.	250	500	1000	2200	3200	4200	6200	7950	9000
2. Jährl. Ersparnisse in M	8,50	17	34	79,20	125	172	285	405	540
3. Verzinsung d. Mehrant. in M (Verzinsungsquote 4 %)	8	16	32	72	.112	152	232	312	392
4. Jährl. Überschuß in M	0,50	1	2	7,20	13	20	53	93	148
5. Gesamte Stromkosten der Anteilkonsume pro Jahr in M	41,50	83	166	361	515	668	955	1180	1260
6. Gewinn aus 4. in % der Jahreskosten	1,2	1,2	1,2	2	2,5	3	5,5	8	12

Aus dieser Tabelle geht hervor, daß der an der Genossenschaft beteiligte Konsument bei richtiger Wahl der Anteilzahl im schlimmsten Falle, das heißt, wenn die Verzinsung der Mehranteile völlig ausbleibt, immer noch 1,2 bis 12 % günstiger arbeitet, als wenn er nur einen Anteil besäße. Den Zahlen der Tabelle liegt, wie bemerkt, die Annahme zugrunde, daß der Anteilkonsument mindestens einen Anteil genommen, das heißt den Strom mindestens zum Preise von 20 Pf. pro KW-Stunde erhalten hätte. Bei einem Vergleich der Anteilkonsumenten mit Nichtgenossen, welche den Strom mit 25 Pf. bezahlen, würden sich die Vorteile für erstere natürlich weit günstiger stellen, als Tabelle II angibt. Der Gewinn würde sich dann in den gleichen Anteilgrenzen auf 12 bis 47 % belaufen. Außerdem mag nochmals daran erinnert werden, daß zu dem berechneten Gewinn für Kraftstrom noch die gleichzeitigen Stromersparnisse für Lichtstrom kommen. Hierbei bleibt natürlich die Frage, ob die Verwendung der Elektrizität für den betreffenden Anteilkonsumenten in dem angenommenen ungünstigsten Falle überhaupt noch vorteilhaft ist, offen. Es genügt vielmehr der Nachweis, daß der Mehrbeteiligte keinesfalls gegenüber dem weniger beteiligten Genossen benachteiligt ist.

In den vorhergehenden Ausführungen dürfte die Zweckmäßigkeit des Anteiltarifes für die Genossen als Konsumenten hinreichend nachgewiesen sein.

Tabelle III.

Verzinsung der Anteile durch den Anteilkrafttarif.

1. Anteilzahl	2	3	5	10	15	20	30	40	50
2. Kapital der Mehranteile in M	200	400	800	1800	2800	3800	5800	7800	9800
3. Jährl. Ersparnisse in M	8,50	17	34	79,20	125	172	285	405	540
4. Verzinsung der Mehranteile durch billigere Strompreise in % des Anteilkapitals	4,25	4,25	4,25	4,4	4,5	4,5	4,9	5,2	5,5

Es ist nunmehr noch nachzuprüfen, ob der Anteiltarif (Tabelle I) auch für die Genossenschaft als Unternehmerin wirtschaftlich ist. Zu diesem Zwecke sind in Tabelle III die Verzinsungsquoten (Zeile 4) für die in Tabelle I angeführten Anteilzahlen berechnet, die sich aus dem Verhältnis der jährlichen Ersparnisse des Anteilkonsumenten (Zeile 3) zu dem betreffenden Anteilkapital (Zeile 2) ergeben. Der erste Anteil ist auch hier wie oben nicht berücksichtigt worden. Eine Verzinsung von 4,25 bis 5,5 %, welche nach Tabelle III für die Genossenschaft in Frage kommt, kann unter Berücksichtigung des durch den Anteilrabatt hervorgerufenen ausgiebigeren Stromkonsums als wirtschaftlich bezeichnet werden.

Somit wäre der Nachweis für die Durchführbarkeit des Anteiltarifes erbracht.

Der Lichttarif kann nun in ganz gleicher Weise gestaltet werden wie der Krafttarif. Es empfiehlt sich, den Anteilkonsum für Licht zu $^1/_{10}$ des Anteilkonsums für Kraft zu bemessen. Die Anteilpreise wären etwa wie folgt zu staffeln:

Anteilzahl	Preis pro KW-Std. in Pf.
0	55
1	50
2 bis 4	49
5 „ 9	48
10 „ 14	47
15 „ 19	46
20 „ 24	45
25 „ 29	44
30 „ 34	43
35 „ 39	42
40 „ 44	41
45 „ 50	40

Für jeden weiteren Anteil über 50 erhöht sich der Anteilkonsum um 20 KW-Stunden zum Preise von 40 Pf. pro KW-Stunde.

Der über den Anteilkonsum hinaus entnommene Lichtstrom kostet 50 Pf. pro KW-Stunde.

Zählt man die aus diesem Anteil-Lichttarif sich ergebenden Ersparnisse zu den in Tabelle II berechneten Kraftstromüberschüssen hinzu und führt für den Licht- und Kraftkonsum zusammen die Rechnung gemäß Tabelle II und III durch, so stellt sich der Gesamtgewinn für den Anteilkonsumenten trotz etwaiger Nichtverzinsung der Mehranteile auf 1,4 bis 14,7 % der Gesamtkosten (gegenüber 1,2 bis 12 % für Kraftstrom allein; vgl. Tabelle II, Zeile 6); für die Genossenschaft wird die billigere Stromabgabe für Licht und Kraft zusammen gleichbedeutend mit einer Verzinsung der Mehranteile von 4,37 bis 6,4 %, (gegenüber 4,25 bis 5,5 % für Kraftstrom allein; vgl. Tabelle III, Zeile 4).

Durch entsprechenden Benutzungsdauerrabatt kann man außerdem auch noch den guten Lichtkonsumenten in ähnlicher Weise wie bei dem Krafttarif weitere Vergünstigungen bieten.

Es sind nun noch die Wirkungen zu besprechen, welche der Anteiltarif auf die Ausgestaltung der genossenschaftlichen Überlandzentralen auszuüben imstande ist.

Die Haupttriebfeder für den Bau von Überlandzentralen ist offenbar die Landwirtschaft. Leider deckt sich aber das Interesse, welches die Landwirtschaft an der Einführung der Elektrizität auf dem platten Lande hat, heute noch nicht mit ihrem Energiebedarf. Es ist ein eigentümlicher Zufall, daß der am meisten interessierte Teil der Landbevölkerung zugleich auch der schlechteste Konsument der Zentrale ist. Weiterhin ist hieraus zu schließen, daß die Landwirte und mit ihnen alle anderen Mitglieder, welche ebenso schlechte Konsumenten sind, einerseits nur dann einen Anspruch auf billige Strompreise machen können, wenn das Unternehmen sich als wirtschaftlich erweist, und daß sie anderseits besondere Vorteile verdienen, wenn durch gute Finanzierung und Ausgestaltung des Unternehmens eine Rentabilität erzielt wird.

Da nun die Tarifvergünstigungen durch Benutzungsdauerrabatte den schlechten Konsumenten nicht zugute kommen, so bleibt diesen nach dem Anteiltarif nur die Möglichkeit, sich durch starke Beteiligung eine Preisermäßigung zu verschaffen. In den vollen Genuß der Preisermäßigung gelangen die Anteilkonsumenten erst, wenn die Überlandzentrale in der Lage ist, die Mehranteile zu verzinsen. Andernfalls stellt sich der Gewinn geringer, kann aber zu Verlusten, wie oben eingehend nachgewiesen ist, nicht führen. Die Anteile bilden demnach gewissermaßen eine gerechte Kaution der schlechten Konsumenten, vornehmlich der Landwirtschaft, deren Nichtverzinsung eventuell einen Ausgleich in der Bilanz des Werkes herbeizuführen gestattet. Diejenigen Konsumenten dagegen, welche die Elektrizität in einer für die Zentrale günstigen Weise ausnutzen, wie z. B. Handwerker, Müller, Industrielle usw., haben durch den für sie in Betracht kommenden Benutzungsdauerrabatt die Möglichkeit, sich den Strom sozusagen auch ohne Kaution billig zu verschaffen. Der Anteiltarif fördert somit einen gerechten Ausgleich zwischen den verschiedenen guten und schlechten Konsumentengattungen und wird hoffentlich dahin führen, daß die genossenschaftlichen Überlandzentralen demnächst noch mehr als heute sich auf eigene Füße stellen und durch hohe Kapitalbeteiligung aller Mitglieder die Wirtschaftlichkeit erreichen, welche ihnen als gemeinnützigen Unternehmungen im Interesse aller Berufsstände auf dem Lande zu wünschen ist. Diese Bestrebungen, welche ja schon längst als richtig erkannt sind, zu unterstützen, ist der Anteiltarif in erster Linie bestimmt.

Nachstehend folgen noch die mathematischen Unterlagen für die Berechnung des Anteiltarifes.

Diese Ausführungen gelten in gleicher Weise für den Kraft- und Lichttarif.

Es mögen folgende Bezeichnungen eingeführt werden:

x = Anteilstrompreis pro KW-Std. in Pf.
y = Anteilkonsum pro Jahr in KW-Std.
z = Anteilzahl.
u = Gewinn in Prozent der Jahreskosten für den Anteilkonsumenten.
v = Verzinsung der Mehranteile seitens der Genossenschaft durch billigere Strompreise in Prozent des Anteilkapitals.
p = angenommene Verzinsungsquote für Anteile in Prozent.
t = Grundpreis pro KW-Std. für 1 Anteil in Pf.
h = Höhe des Anteiles in Mark.

Es ergeben sich alsdann folgende Gleichungen:

$$x = \frac{t - \frac{h\,p}{y}(z - 1)}{\frac{u}{100} + 1} \quad \ldots\ldots\quad 1)$$

$$v = \frac{y\,(t - x)}{h\,(z - 1)} \quad \ldots\ldots\quad 2)$$

oder

$$x = t - \frac{v\,h}{y}(z - 1) \quad \ldots\ldots\quad 3)$$

oder

$$z = \frac{y\,(t - x)}{v\,h} + 1 \quad \ldots\ldots\quad 4)$$

ferner:

$$z = \frac{y\,u\,t}{100\,h\left[v\left(\frac{u}{100} + 1\right) - p\right]} + 1 \quad \ldots\ldots\quad 5)$$

$$y = \frac{100\,h\,(z - 1)}{u\,t}\left[v\left(\frac{u}{100} + 1\right) - p\right] \quad \ldots\ldots\quad 6)$$

$$x = t\left\{1 - \frac{u\,v}{100\left[v\left(\frac{u}{100} + 1\right) - p\right]}\right\} \quad \ldots\ldots\quad 7)$$

$$u = 100\left[\left(\frac{t}{x} - 1\right) - \frac{p\,h\,(z - 1)}{x\,y}\right] \quad \ldots\ldots\quad 8)$$

$$y = \frac{v\,h\,(z - 1)}{(t - x)} \quad \ldots\ldots\quad 9)$$

Die in Tabelle I angesetzten Zahlenwerte des Anteiltarifs sind theoretisch mittels vorstehender Gleichungen ermittelt worden und werden für die Praxis zweckmäßig abgerundet.

Für die Praxis ist folgender Stromtarif ausgearbeitet. Demselben sind gleichzeitig erläuternde Beispiele angefügt.

Entwurf des Stromtarifs für die elektrische Überlandzentrale

....

A. Kraft.

1. Für Mitglieder. Grundpreis 25 Pf. pro KW-Stunde, außerdem wird folgender Anteilrabatt gewährt:

Der Strom kostet:

Bei Übernahme von	2— 9	Anteilen [1])	20 Pf.	für	200	KW-Std.	pro Ant.
,,	10—19	,,	19 ,,	,,	200	,,	,, ,,
,,	20—29	,,	18 ,,	,,	200	,,	,, ,,
,,	30—39	,,	17 ,,	,,	200	,,	,, ,,
,,	40—49	,,	16 ,,	,,	200	,,	,, ,,
,,	50 u. mehr Ant.		15 ,,	,,	200	,,	,, ,,

2. Für Nichtmitglieder. Grundpreis 30 Pf. pro KW-Stunde, ohne Rabatt.

3. Für Mitglieder und Nichtmitglieder kostet der Kraftstrom, welcher über eine höhere mittlere Benutzungsdauer pro Jahr als 600 Zeitstunden der installierten Leistung hinaus entnommen wird, 12 Pf. pro KW-Stunde. Die installierte Leistung kann auf Wunsch von der Genossenschaft mit Höchstleistungsanzeiger gegen eine einmalige Gebühr bestimmt werden.

B. Licht.

1. Für Mitglieder. Grundpreis 50 Pf. pro KW-Stunde, außerdem wird folgender Anteilrabatt gewährt:

Der Strom kostet:

Bei Übernahme von	2— 9	Anteilen	49 Pf.	für	20	KW-Std.	pro Ant.
,,	10—19	,,	48 ,,	,,	20	,,	,, ,,
,,	20—29	,,	47 ,,	,,	20	,,	,, ,,
,,	30—39	,,	46 ,,	,,	20	,,	,, ,,
,,	40—49	,,	45 ,,	,,	20	,,	,, ,,
,,	50 u. mehr Ant.		44 ,,	,,	20	,,	,, ,,

2. Für Nichtmitglieder. Grundpreis 60 Pf. pro KW-Stunde, ohne Rabatt.

3. Für Mitglieder und Nichtmitglieder kostet der Lichtstrom, welcher über eine höhere mittlere Benutzungsdauer pro Jahr als 300 Zeitstunden der installierten Lampen hinaus entnommen wird, 25 Pf. pro KW-Stunde.

Zu A und B.

In speziellen Fällen können mit Genehmigung des Vorstandes Sondertarife gewährt werden.

---

[1]) Die Höhe eines Anteils ist zu 200 M angenommen.

Erläuterungen mit Beispielen

zum Stromtarifentwurf für die elektrische Überlandzentrale

....

Der vom Vorstand und Aufsichtsrat der elektrischen Überlandzentrale .... genehmigte Stromtarifentwurf bietet dem Konsumenten folgende Vorteile:

Einmal erhält ein Mitglied mit einem Anteil den Strom billiger als ein Nichtmitglied. Der Kraftstrom kostet nämlich für Nichtmitglieder 30 Pf. pro KW-Stunde, für Mitglieder dagegen nur 25 Pf. pro KW-Std. Der Lichtstrom kostet für Nichtmitglieder 60 Pf. pro KW-Stunde, für Mitglieder dagegen nur 50 Pf. pro KW-Stunde.

Ferner bekommt jedes Mitglied für weitere Anteile eine bestimmte Strommenge für Kraft- und Lichtzwecke zu einem ganz besonders billigen Preise; dieser Preis ist so niedrig gesetzt, daß hierdurch allein schon eine vierprozentige Verzinsung der Mehranteile gesichert ist, und noch dazu ein Überschuß bleibt. Zum Beispiel bekommt ein Mitglied mit 5 Anteilen 1000 KW-Stunden Kraftstrom für 20 Pf. pro KW-Std. und außerdem noch 100 KW-Std. Lichtstrom für 49 Pf. pro KW-Std.; oder ein Mitglied mit 20 Anteilen erhält 4000 KW-Std. Kraft für 18 Pf. pro KW-Std. und außerdem 400 KW-Std. Lichtstrom für 47 Pf. pro KW-Std.

Wenn nun ein Konsument mehr Strom gebraucht, als wie für seine Anteilzahl im Tarif angegeben ist, so kann er entweder sich einen neuen Anteil mehr erwerben, oder er bezahlt den Mehrverbrauch zum Grundpreis von 25 Pf. pro KW-Std. für Kraft und 50 Pf. pro KW-Std. für Licht. Wenn also z. B. ein Konsument mit 5 Anteilen 1400 KW-Std. Kraftstrom gebraucht, so bekommt er 1000 KW-Std. für 20 Pf. und 400 KW-Stunden für 25 Pf. pro KW-Std.; durchschnittlich kostet ihm dann also die KW-Std. Kraftstrom 21,4 Pf. pro KW-Std. Wenn dieser Konsument sich dagegen noch zwei weitere Anteile nachnimmt, so daß er im ganzen 7 Anteile besitzt, so erhält er den gesamten Kraftstrom von 1400 KW-Std. zum Preise von 20 Pf. pro KW-Std.

Die Strommengen des Tarifs sind annähernd so bemessen, daß jeder Landwirt den benötigten Kraftstrom zu dem angegebenen ermäßigten Preise erhält, wenn er sich seiner Morgenzahl entsprechend beteiligt. Ein Landwirt braucht nämlich ungefähr rund 5 KW-Std. pro Morgen für Dreschzwecke; eine Wirtschaft von 40 Morgen hat also ungefähr $40 \times 5 = 200$ KW-Std., ein Gut von 400 Morgen etwa $400 \times 5 = 2000$ KW-Std. für elektrischen Dreschbetrieb nötig. Demnach müßte sich der Besitzer von 40 Morgen mit 2 Anteilen, der Besitzer von 400 Morgen mit 20 Anteilen beteiligen, damit er den benötigten

Kraftstrom vor allem für Dreschzwecke zu den im Tarif angegebenen ermäßigten Preisen erhält.

Genau so verhält es sich mit dem Lichtstrom. Wenn ein Konsument mit 3 Anteilen z. B. 8 Lampen besitzt, von welchen jede ca. 5 KW-Std. pro Jahr verbraucht, so hat er $8 \times 5 = 40$ KW-Std. Lichtstrom pro Jahr nötig. Diese Lichtstrommenge erhält das Mitglied für 49 Pf. pro KW-Std.

Wenn derselbe Konsument aber 15 Lampen besitzt, so braucht er im Jahr etwa 75 KW-Std. Lichtstrom; in diesem Falle bekommt er also 60 KW-Std. für 49 Pf. und den Überschuß von 15 KW-Std. für 50 Pf.; falls der betreffende Konsument aber 4 Anteile besitzt, so erhält er auch seinen gesamten Lichtstrom von 75 KW-Std. zu dem ermäßigten Preise von 49 Pf. pro KW-Std.

Außer diesen Strompreisermäßigungen, welche auf Anteile gewährt werden, erhält jeder Konsument noch eine besondere Vergünstigung, wenn er seine elektrische Anlage, d. h. seine Motoren und Lampen, recht viel und recht oft benutzt. Nach dem Tarife wird der gesamte Kraftstrom, welcher über eine durchschnittliche Benutzungsdauer von 600 Zeitstunden der im Betrieb vorhandenen Motorleistungen hinaus gebraucht wird, für 12 Pf. pro KW-Std. abgegeben. Nehmen wir einmal an, ein Handwerker, welcher einen Anteil übernommen hat, stellte einen zweipferdigen Motor auf, der ca. 1,8 KW Elektrizität verbraucht, und benutzte diesen Motor so oft, daß der Stromkonsum pro Jahr sich auf etwa 2000 KW-Std. beliefe. Dieser Handwerker würde dann seinen Motor nach dem Tarif mit einer mittleren Benutzungsdauer pro Jahr von

$$\frac{2000 \text{ KW-Stunden}}{1{,}8 \text{ KW}} = 1111 \text{ Stunden}$$

gebraucht haben. Er hätte mithin zu zahlen:

für die ersten	600	Zeitstunden	25 Pf. pro KW-Std.
„ „ übrigen	511	„	12 „ „ „

Bei einem mittleren Verbrauch von 1,8 KW pro Zeitstunde hätte er in den ersten 600 Std. $600 \times 1{,}8$

$= 1080$ KW-Std. zu 25 Pf. pro KW-Stunde

in den übrigen 511 Std. $511 \times 1{,}8$

$= 920$ KW-Std. zu 12 Pf. pro KW-Stunde

verbraucht.

Im ganzen kostet ihm also der Kraftstrom pro Jahr

$$1080 \times 0{,}25 + 920 \times 0{,}12 = \text{rund } 380 \text{ M}$$

oder durchschnittlich 19 Pf. pro KW-Std.

Wenn dieser Handwerker bzw. Konsument statt eines Anteils sich 5 Anteile nähme, so bekäme er:

1000 KW-Std. für 20 Pf. pro KW-Std.
80 „ „ 25 „ „ „

und

920 „ „ 12 „ „ „

Es kostet ihm demnach der Kraftstrom pro Jahr:

$$1000 \times 0{,}20 + 80 \times 0{,}25 + 920 \times 0{,}12 = \text{rund } 330 \text{ M}$$

oder durchschnittlich nur 16,5 Pf. pro KW-Std.

Bei Beleuchtung erhält jeder Konsument den Strom, den er über eine mittlere jährliche Benutzungsdauer von 300 Zeitstunden seiner Lampen abnimmt, zum Preise von 25 Pf. pro KW-Std. Man rechnet hierbei als Anschlußwert der Glühlampen

für Kohlenfadenlampen ca. 3,5 Watt pro Normalkerze
„ Metallfadenlampen „ 1,2 „ „ „

Wenn also beispielsweise ein Mitglied mit einem Anteil eine Anzahl Glühlampen von zusammen 200 Watt gleich 0,2 KW anschließt und pro Jahr 160 KW-Std. für Licht verbraucht, so ergibt sich hieraus eine mittlere Benutzungsdauer der angeschlossenen Lampen von

$$\frac{160 \text{ KW-Stunden}}{0{,}2 \text{ KW}} = 800 \text{ Stunden}$$

Dieses Mitglied hätte mithin für Licht zu zahlen:

für die ersten 300 Stunden 50 Pf. pro KW-Stunde
„ „ übrigen 500 „ 25 „ „ „

Im ganzen kostet ihm also der Lichtstrom pro Jahr:

$$300 \times 0{,}2 \times 0{,}50 + 500 \times 0{,}2 \times 0{,}25 = 55 \text{ M}$$

oder durchschnittlich 34,4 Pf. pro KW-Stunde.

Bei diesem Tarif hat jeder Konsument die Möglichkeit, sich billigen Strom zu verschaffen, und zwar der Landwirt, welcher seine Anlagen wenig gebraucht, dadurch, daß er Anteile erwirbt, und der Handwerker bzw. Industrielle dadurch, daß er seine Motoren bzw. Lampen recht oft und recht lange Zeit benutzt.

Der Tarif schafft also einen Ausgleich zwischen den guten und den schlechten Konsumentengattungen. Die Strompreise in dem Anteiltarif sind so gestellt, daß, wie schon oben bemerkt, außer einer Verzinsung der Mehranteile auch noch ein Überschuß erwächst.

Für die Vorkostenanschläge der Elektrizitätsfirmen bei der Agitation werden Durchschreibhefte mit Vordruck nach folgendem Muster empfohlen:

Vorkostenanschlag der Lichtinstallation

für Herrn ....

in ....

Die Preise verstehen sich einschließlich Fracht, Verpackung und betriebsfertiger Montage nebst Hilfsarbeiten sowie einschl. Löt-, Isolier- und Befestigungsmaterialien, aber ausschließlich Maurerarbeiten.

Gegenstand	Einheitspreise M	Pf.
Komplette vorschriftsmäßige Installation einer Brennstelle bei Verlegung von Gummiaderleitung in Isolierrohr mit Metallüberzug auf Putz einschließlich sämtl. Zubehör, Haupt- und Zuleitungen, Verteilungssicherungen usw. unter Annahme normaler Verhältnisse (durchschnittlich 10 m Zuführungslänge) ausschl. Beleuchtungskörper, jedoch einschl. Aufhängen derselben		
.... ohne Schalter	......	....
.... mit einfacher Ausschaltung	......	....
.... mit Serienschalter	......	....
.... mit 2 Wechselschaltern	......	....
Komplette vorschriftsmäßige Installation einer Brennstelle wie vor, jedoch bei Verlegung von Gummiaderglanzgarnlitze auf Rollen in trockenen Räumen (Schalterleitung in Rohr)		
.... ohne Schalter	......	....
.... mit einfachem Schalter an der Wand .	......	....
.... mit Serienschalter	......	....
.... mit 2 Wechselschaltern	......	....
Komplette Installation einer Brennstelle in feuchten Räumen oder Ställen wie vor, jedoch bei Verlegung von Gummiaderleitung auf Kellerisolatoren oder von verzinntem Draht an Isolatoren mit wasserdichten Schaltern	......	....
.... div. Beleuchtungskörper ohne Glühlampen, geschätzt auf	......	....
Hof- und Feldleitungen ...... m ..... qmm .	......	....

Vorkostenanschlag der Kraftinstallation

für Herrn ....

in ....

Die Preise verstehen sich einschl. Fracht, Verpackung und betriebsfertiger Montage nebst Hilfsarbeiten sowie einschl. Löt-, Isolier- und Befestigungsmaterialien, aber ausschl. Maurerarbeiten.

Gegenstand	Einheitspreise M	Pf.
Lieferung und Aufstellung eines Asynchron-Drehstrommotors einschl. allen Zubehörs, Anlasser, Spannschienen sowie der Haupt- und Zuleitungen (ausschl. blanker Fernleitungen), Sicherungstafeln mit Schalter, Wandanschlüsse unter Annahme normaler Verhältnisse betriebsfertig montiert einschließlich Hilfsarbeiten bei einer Leistung		
von 1 PS	......	....
,, 2 ,, ...	......	....
,, 3 ,, ...	......	....
,, 5 ,, ...	......	....
,, 10 ,, ...	......	....
,, 20 ,, ...	......	....
,, 25 ,, ...	......	....
,, 30 ,, ...	......	....
Hof- und Feldleitungen ..... m ...... qmm .	......	....

Die vorläufigen Konsumanmeldungen erfolgen auf Anmeldeformularen nachstehender Art:

Ort: ....

Mitglied oder Nichtmitglied? ....

Vorläufige Anmeldung zum Anschluß
an das Leitungsnetz des Elektrizitätswerks Überlandzentrale

....

Auf Grund des $\frac{\text{mir}}{\text{uns}}$ bekanntgegebenen Stromtarifes melde $\frac{\text{ich}}{\text{wir}}$ einen Anschluß $\frac{\text{meiner}}{\text{unserer}}$ Wohnung, $\frac{\text{meines}}{\text{unseres}}$ Geschäftslokales und $\frac{\text{meines}}{\text{unseres}}$ Gutes .... an das Leitungsnetz der .... und zwar in folgendem Umfange an:

I. Beleuchtung.

Die Beleuchtung soll voraussichtlich umfassen:

...... Glühlampen zu 5 Normalkerzen
...... ,, ,, 10 ,,
...... ,, ,, 16 ,,
...... ,, ,, 25 ,,
...... ,, ,, 32 ,,
...... ,, ,, 50 ,,
...... ,, ,, 100 ,,
...... Bogenlampen zu ...... Amp.
...... ,, ,, ... ,,

II. Kraftbetrieb.

Der elektrische Strom soll benutzt werden für

.... Elektromotor von .... PS zum ....
.... ,, ,, ... ,, ,, ...
sonstige Zwecke ..... ,, ,, ...

Für Industrielle.

Voraussichtlich kann ich eine jährliche Stromabnahme in Höhe von

...... KW-Stunden Licht
...... ,, Kraft

garantieren.

Für Landwirte.

Ich besitze .... ha Ackerland;
Hiervon werden ..... ha durchschnittlich mit Korn, Hülsenfrüchten und Rübensamen bebaut.
(Ort): ....den .... 19...
(Straße u. Hausnummer): ....
(Name oder Firma des Stromabnehmers): ....

Hieran anschließend folgen die Entwürfe nachbenannter Verträge:

Konzessionsvertrag mit Gemeinden,
Stromlieferungsbedingungen für Konsumenten,
Strombezugsvertrag mit Elektrizitätswerk,
Kreisvertrag bezügl. Übernahme der Zinsgarantie,
Vertrag mehrerer Kreise untereinander.

Konzessionsvertrag.

Vertrag.

Zwischen der Gemeinde .... einerseits und der elektrischen Überlandzentrale .... andererseits ist heute vorbehaltlich der Genehmigung des Kreisausschusses folgender Vertrag abgeschlossen worden.

Im nachstehenden wird die elektrische Überlandzentrale .... kurz „Gesellschaft“ und die Gemeinde .... kurz „Gemeinde“ genannt.

§ 1.

Die Gemeinde erteilt der Gesellschaft auf die Dauer von .... Jahren das ausschließliche Recht, innerhalb der Gemeinde (d. h. Ort und Flur) zwecks gewerbsmäßiger Abgabe von elektrischer Energie für Licht- und Kraftzwecke oberirdische oder unterirdische Leitungen unter unentgeltlicher Benutzung der öffentlichen Straßen, Plätze, Gräben, Böschungen und Gewässer der Gemeinde herzustellen und zu unterhalten. Während der Dauer der Konzession darf die Gemeinde weder selbst ein eigenes Elektrizitätswerk errichten noch einem Dritten die der Gesellschaft gegebene Erlaubnis erteilen. Ausgenommen bleiben hiervon solche Fälle, in denen jemand eine eigene Anlage herstellt, die er nur für seine Zwecke innerhalb der Gemeinde benutzt. Außerdem stellt die Gemeinde der Gesellschaft einen geeigneten Platz für die Errichtung des Transformatorenhauses unentgeltlich zur Verfügung.

§ 2.

Insoweit die Gesellschaft fiskalisches, Provinzial-, Kreis- oder Privatgebiet für ihre Zwecke benutzen will, hat sie die erforderliche Genehmigung der in Betracht kommenden Behörden bzw. Eigentümer selbst einzuholen.

Desgleichen hat die Gesellschaft, wo erforderlich, die Zustimmung der Reichstelegraphenverwaltung herbeizuführen.

Die Gesellschaft hat ferner die Einwilligung der einzelnen Haus- und Grundbesitzer nachzusuchen, über deren Besitztum Leitungen führen, oder deren Häuser und Grundstücke zur Aufstellung und Befestigung von Leitungsträgern benutzt werden sollen. Die Gemeinde verpflichtet sich jedoch, die Gesellschaft in allen diesen Fällen nach Möglichkeit zu unterstützen.

Bei der Herrichtung von Leitungen zur Fortführung des elektrischen Stromes sind die „Allgemeinen polizeilichen Anforderungen an den Bau und Betrieb der Anlage zum Schutze des Bestandes der vorhandenen Reichstelegraphen- und Fernsprechanlagen und zur Sicherheit des Bedienungspersonals“ zu beachten.

Zur örtlichen Führung der Leitungen sowie zur Aufstellung der Masten ist die Zustimmung des Gemeindevorstehers und der Feldmarksinteressentenschaft einzuholen.

Sollten an den zur Führung der Leitungen benutzten Straßen und Wegekörpern Änderungen eintreten, die auch Änderungen und Verlegungen des Leitungsnetzes notwendig machen, so hat die Gesellschaft diese auf ihre Kosten binnen einer von der Gemeindevertretung zu bestimmenden angemessenen Frist auszuführen.

§ 3.

Die Baumpflanzungen dürfen durch die Leitungen nicht beeinträchtigt werden. Sollten gleichwohl Ausästungen notwendig werden, so hat die Gesellschaft sich rechtzeitig mit dem Gemeindevorsteher in Verbindung zu setzen.

Ebenso darf die gänzliche Beseitigung einzelner Bäume nur im Einverständnis mit dem Gemeindevorsteher erfolgen.

Falls die Baumpflanzung Eigentum von Privatpersonen ist, bleibt es Sache der Gesellschaft, sich mit diesen zu einigen.

Bei Aufstellung der Träger dürfen Bäume zur Befestigung von Tauen nicht benutzt werden.

Nach Aufstellung der Leitungsträger sowie der zugehörigen Streben usw. ist der Boden ordnungsmäßig einzustampfen und zu planieren, auch der vor Aufstellung abzuhebende Rasen wieder aufzubringen oder sonstige Straßenbefestigungen wieder in ordnungsmäßigen guten Zustand zu versetzen; auf tunlichste Schonung der Baumpflanzungen ist auch hier Bedacht zu nehmen.

In gleicher Weise ist bei der Herstellung unterirdischer Leitungen zu verfahren.

§ 4.

Für den Fall, daß Dritte infolge der Führung der elektrischen Leitungen oder des Betriebes Schadensersatzansprüche gegen die Gemeinde erheben, hat die Gesellschaft letzterer gegenüber Gewähr zu leisten, auf deren Aufforderung die Prozesse zu übernehmen und die der Gemeinde durch solche Prozesse etwa entstehenden Kosten zu ersetzen. Etwaige Beschädigungen an den Straßenanlagen usw., welche durch die Anlage oder durch den Betrieb des Werkes und seiner Leitungen entstehen, sind von der Gesellschaft auf ihre Kosten zu beseitigen.

§ 5.

Die Gesellschaft verpflichtet sich, nach Maßgabe ihrer Stromlieferungsbedingungen der Gemeinde und ihren Einwohnern zu jeder Zeit elektrische Energie für Licht- und Kraftzwecke in beliebiger Menge zu liefern. Sie behält sich jedoch vor, mit einzelnen Abnehmern bezüglich des Anschlusses von Motoren über .... PS besondere Vereinbarungen zu treffen.

§ 6.

Wenn durch Betriebsunfälle, höhere Gewalt, andere unabwendbare Ursachen, Streiks oder behördliche Anordnungen, gegen welche gesetzlich zulässige Rechtsmittel erfolglos blieben, wegen Messungen, Herstellung von neuen Anschlüssen oder Ausbesserungen die Energielieferung unterbrochen werden muß, so ruht die Verpflichtung der Stromabgabe so lange, bis die Störung oder deren Folgen beseitigt sind. Die Beseitigung hat auf schnellstem Wege zu erfolgen; eine Entschädigung kann aus Anlaß einer solchen Störung nicht verlangt werden.

§ 7.

Das Verhältnis zwischen der Gesellschaft und den Stromkonsumenten wird durch die Stromlieferungsbedingungen geregelt. Die zurzeit maßgebenden Strompreise sowie die Rabattsätze gehen aus den Tarifen der Stromlieferungsbedingungen hervor.

Die Gemeinden, welche mit Strom versorgt werden und Mitglieder der Gesellschaft sind, erhalten den Strom für Beleuchtung der Straßen, Plätze und öffentlichen Gebäude zum Preise von ... Pf. für die Kilowattstunde von der Gesellschaft geliefert. Das Recht der öffentlichen Beleuchtung innerhalb des Gemeindegebietes steht auf die Dauer dieses Vertrages ausschließlich der Gesellschaft zu.

§ 8.

Sollten in bezug auf diesen Vertrag und die darin bedingten Rechtsverhältnisse Streitigkeiten irgendwelcher Art zwischen der Gemeinde und der Gesellschaft entstehen, so sollen sie durch ein Schiedsgericht beseitigt werden. Zu diesem Zwecke ernennen die Gemeinde und die Gesellschaft je einen Schiedsrichter, welcher auf Aufforderung der einen Partei binnen 14 Tagen der anderen Partei schriftlich namhaft zu machen ist, widrigenfalls das Ernennungsrecht auf die andere Partei übergeht. Falls die Schiedsrichter sich nicht einigen können, so wählen sie einen Obmann, welcher die Entscheidung zu treffen hat. Kommt über die Person des Obmannes eine Einigung nicht zustande, so soll der .... zu .... um dessen Ernennung ersucht werden.

Das Schiedsgericht entscheidet etwaige Streitfälle zwischen der Gemeinde und der Gesellschaft endgültig unter Ausschluß der ordentlichen Gerichte. Beide Teile haben sich seinem Spruche zu unterwerfen. Im übrigen greifen die Bestimmungen der Zivilprozeßordnung über das schiedsrichterliche Verfahren Platz. (Reichszivilprozeßordnung §§ 1025 bis 1048.)

§ 9.

Der Vertrag gilt stets um weitere 5 Jahre verlängert, wenn nicht mindestens ein Jahr vor Ablauf des Vertrages seitens eines der beiden Vertragschließenden die Kündigung erfolgt.

Die Gemeinde ist berechtigt, von diesem Vertrage zurückzutreten, falls nicht bis zum .... der Betrieb der Überlandzentrale aufgenommen ist, wenn über das Vermögen der Gesellschaft der Konkurs verhängt wird oder die Gesellschaft eigenmächtig den Betrieb länger als ... Tage einstellt. Im Falle des Rücktritts der Gemeinde vom Vertrage sind die im Gemeindebezirke vorhandenen Leitungsanlagen auf Kosten der Gesellschaft zu beseitigen, falls nicht andere Vereinbarungen hierüber getroffen werden.

§ 10.

Die Gesellschaft ist berechtigt, diesen Vertrag an eine andere physische oder juristische gleichwertige Person zu übertragen, falls diese sich in rechtsverbindlicher Form schriftlich bereit erklärt, alle Rechte und Pflichten dieses Vertrages zu übernehmen, und genügende Sicherheit leistet.

§ 11.

Kosten und Stempel dieses Vertrages trägt die Gesellschaft.

§ 12.

Dieser Vertrag ist in zwei Exemplaren ausgefertigt, von beiden Kontrahenten anerkannt und unterschrieben worden.

Genehmigt in der Sitzung der Gemeinde $\frac{\text{vertretung}}{\text{versammlung}}$ vom ....

Namens der Gemeinde: ....

Der Gemeindevorsteher:

....

Die Schöffen:

....

....

(Gemeindesiegel.)

Die Gesellschaft:

Elektrische Überlandzentrale

....

Stromlieferungsbedingungen

mit Tarif für den Anschluß an das Leitungsnetz der Überlandzentrale

....

Vorbemerkung.

Im nachstehenden ist die „Überlandzentrale ....“ der Kürze halber mit „Gesellschaft“ bezeichnet.

§ 1.

Strombezug.

Die Gesellschaft verpflichtet sich, alle Gemeinden ihres Bezirkes, welche auf Grund von vorzunehmenden Konsumaufnahmen und durch hinreichende Übernahme von Anteilen eine Wirtschaftlichkeit ihres Anschlusses erkennen lassen, an ihr Leitungsnetz anzuschließen. Außerdem verpflichtet sich die Gesellschaft zur Abgabe elektrischer Energie an sämtliche Einwohner der angeschlossenen Gemeinden, soweit der angemeldete Konsum mindestens eine jährliche Einnahme von ... M pro Meter der nötigen Straßenleitung von der letzten vorhandenen Konsum- bzw. Ausschlußstelle an gerechnet ergibt, und die Bedingungen des § 4 erfüllt sind.

Die Abgabe von elektrischem Strom erfolgt innerhalb des Gebietes des Leitungsnetzes, soweit nicht Natur- oder sonstige Ereignisse hindernd eintreten, ununterbrochen während der Tages- und Nachtzeit.

Es bleibt jedoch vorbehalten, die Stromabgabe zu der Vornahme notwendiger Reinigungen und Instandsetzungsarbeiten an allen Sonntagen und gesetzlichen Feiertagen in der Zeit von . Uhr vormittags bis ... Uhr nachmittags zu unterbrechen sowie erforderlichenfalls einzelne Teile des Leitungsnetzes zur Ausführung von Erweiterungsarbeiten und Ausbesserungen nach vorheriger Bekanntmachung auch zu anderen Zeiten auszuschalten.

Die Verpflichtung zur Stromlieferung wird unterbrochen durch Betriebsstörungen, die auf höhere oder fremde Gewalt oder sonstige Ereignisse zurückzuführen sind, welche die Gesellschaft zu verhindern nicht in der Lage ist. Die Gesellschaft sorgt für schnellste Beseitigung jeder Betriebsstörung. Eine Entschädigung kann aus Anlaß einer solchen Störung nicht verlangt werden.

Die Gesellschaft liefert Strom für Licht zu .... Volt und für Kraft zu .... Volt, wie auch unter Umständen teilweise für Dreschzwecke und zum Pflügen zu ...... Volt.

§ 2.

Anmeldungen.

Die Anmeldungen zum Anschluß an das Straßenleitungsnetz der Gesellschaft sind ausnahmslos schriftlich auf einem von der Gesellschaft kostenlos zu beziehenden Formular zu stellen. Durch diese schriftliche Anmeldung verpflichtet sich der Stromabnehmer zum Strombezug auf die Dauer von ... Jahren. Die Anmeldung gilt jeweilig auf ein weiteres Jahr verlängert, wenn nicht .. Monate vor Ablauf eines Jahres die Kündigung erfolgt ist.

Ist der Anmeldende nicht selbst Eigentümer des Grundstückes, für welches die Abgabe von elektrischem Strom gewünscht wird, so ist die Einwilligung des Grundstückeigentümers beizubringen. Bei Übergang der Benutzung einer Anlage auf einen anderen Abnehmer ist der Gesellschaft sofort davon Mitteilung zu machen. Bis zur Mitteilung haftet der bisherige Stromabnehmer der Gesellschaft für den etwaigen Stromverbrauch durch seinen Nachfolger.

§ 3.

Anschlüsse.

Die Abzweigleitungen für die Hausanschlüsse von den Straßenleitungen werden durch die Gesellschaft nur bis zur Hauseinführungsstelle ausgeführt.

Die Instandhaltung der im öffentlichen Straßenlande verlegten Abzweigleitungen wird von der Gesellschaft unentgeltlich besorgt, sofern diese nicht durch Verschulden des Abnehmers reparaturbedürftig werden. Die Gesellschaft liefert außerdem auf eigene Kosten die Elektrizitätsmesser nebst Befestigungsteilen nach Maßgabe von § 8 dieser Bedingungen.

Die Kosten der Herstellung der Abzweigleitungen von der Hauseinführungsstelle bis zu den Straßenleitungen, der Anlieferung der Elektrizitätsmesser von der Zentrale bis zum Aufstellungsorte und der Aufstellung des Elektrizitätsmessers nebst Anschluß desselben hat der Stromabnehmer, falls er nicht Mitglied der Gesellschaft ist, der Gesellschaft zu erstatten. Hierbei kommen nur die wirklichen Arbeitslöhne und der Materialverbrauch nebst einem von der Verwaltung der Gesellschaft festzusetzenden Zuschlag für Beaufsichtigung, Geräteleihen usw. in Berechnung. Mitgliedern der Gesellschaft werden diese Arbeiten unentgeltlich, also auf Kosten der Gesellschaft ausgeführt.

Die im öffentlichen Grunde liegenden Teile der Abzweigungen, ebenso die von der Zentrale beschafften Elektrizitätsmesser nebst Zubehör bleiben Eigentum der Gesellschaft.

Auf Verlangen wird dem Abnehmer vor der Ausführung von der

Gesellschaft ein Kostenanschlag über die Anlagekosten aufgestellt, an dessen Preise die Gesellschaft aber nur gebunden ist, wenn der Auftrag sogleich erfolgt oder eine besondere Vereinbarung hierüber getroffen wird Die Ausführung der Installationen und Anschlüsse geschieht in der Reihenfolge der Anmeldung.

Die Inhaber von Anschlüssen sind verpflichtet, die Herstellung von Leitungen über ihre Grundstücke, insbesondere die Aufstellung und Befestigung von Leitungen an den Gebäuden unentgeltlich zu gestatten.

§ 4.

Innere Einrichtungen.

Alle diejenigen, welche elektrischen Strom aus dem Leitungsnetz der Gesellschaft beziehen, sind verpflichtet:

1. mit der Lieferung und Herstellung der elektrischen Licht- und Kraftanlagen sowie mit der Vornahme der Änderungen, Erweiterungen und Ausbesserungen die Gesellschaft selbst oder die von derselben zugelassenen und kontrollierten Installationsfirmen zu beauftragen;

2. die Vorschriften der Gesellschaft über die Ausführung und Instandsetzung von elektrischen Anlagen, die an das Leitungsnetz angeschlossen werden sollen, zu befolgen.

Die Gesellschaft hat das Recht, die Installationsarbeiten, jedoch unbeschadet der ausschließlichen Verantwortlichkeit der Installateure, zu überwachen und die fertigen Einrichtungen zu prüfen. Es ist zu diesem Zwecke den Beauftragten der Gesellschaft stets Zutritt zu den Einrichtungen zu gewähren.

Jede elektrische Anlage muß vor ihrer Ingebrauchnahme durch Beauftragte der Gesellschaft auf ihre sachgemäße und den Vorschriften entsprechende Ausführung geprüft werden. Erst wenn die Anlage geprüft und als ordnungsmäßig befunden ist, erfolgt durch Beauftragte der Gesellschaft der Anschluß an das Leitungsnetz und die Genehmigung zur Ingebrauchnahme der Anlage.

Für den Anschluß bereits bestehender Anlagen gelten dieselben Bestimmungen wie für Neuanlagen. Ausnahmen können in besonderen Fällen gestattet werden.

§ 5.

Prüfungsgebühren.

Für die durch die Überwachung, Ausführung und Prüfung der fertigen Anlagen erwachsende Arbeit ist eine Gebühr an die Gesellschaft zu entrichten, welche für jede Anlage auf eine Grundgebühr von ... M und außerdem für jede angebrachte Glühlampe auf ... Pf., für jede angebrachte Bogenlampe auf .. M und für jeden Elektromotor auf .. M festgesetzt wird. Während des ersten Ausbaues des Ortsleitungsnetzes sollen diese Gebühren nicht berechnet werden.

§ 6.

Änderungen der Anlage.

An bereits geprüften Anlagen dürfen Änderungen, Erweiterungen und Ausbesserungen nur mit Genehmigung der Gesellschaft vorgenommen werden. Die Entscheidung, ob und inwieweit die vorhandenen Einrichtungen die gewünschten Änderungen zulassen, steht lediglich der Gesellschaft zu.

Unter keinen Umständen dürfen Einrichtungen getroffen werden, welche einen mißbräuchlichen Bezug von elektrischem Strom ermöglichen. Wird in dieser Hinsicht ein Mißbrauch festgestellt, so wird die Angelegenheit zum gerichtlichen Verfahren weitergegeben; ferner verliert der Beteiligte die Berechtigung zum Bezuge elektrischen Stromes.

§ 7.

Störungen der Anlage.

Von Störungen in der Stromzuführung ist sofort, eventuell durch Fernsprecher, bei der Gesellschaft Anzeige zu erstatten. Die Kosten für derartige Meldungen werden erstattet.

§ 8.

Elektrizitätsmesser.

(Zähler.)

1. Die zur Messung des Stromverbrauches dienenden Elektrizitätszähler werden ausschließlich von der Gesellschaft beschafft und den Abnehmern mietweise überlassen.

2. Die Elektrizitätsmesser dürfen nur von den Angestellten der Gesellschaft aufgestellt, weggenommen und bedient werden, und nur diese haben das Recht, die Hauptstromzuführung einer Anlage abzusperren oder wiederherzustellen.

3. Die Abnehmer haben für gute Behandlung der Zähler Sorge zu tragen und sie gegen Feuersgefahr zu versichern.

4. Die Kosten der Bedienung und Instandsetzung der Elektrizitätsmesser trägt die Gesellschaft, sofern nicht durch die Schuld des Abnehmers besondere Unkosten erwachsen.

5. Den Ort für die Aufstellung sowie die Art der zu benutzenden Elektrizitätsmesser bestimmt die Gesellschaft.

6. Die monatliche Miete beträgt ....

Die Miete ist stets für den vollen Kalendermonat zu entrichten, auch dann, wenn ein Strombezug nicht stattgefunden hat.

7. Das Ablesen der Elektrizitätsmesser erfolgt mindestens monatlich einmal durch Beauftragte der Gesellschaft, welche dem Abnehmer von dem Befunde Kenntnis zu geben haben.

8. Zeigt ein Elektrizitätsmesser unrichtig an, oder muß er wegen vorzunehmender Ausbesserung entfernt werden, so wird für die Dauer der Unterbrechung entweder ein anderer Elektrizitätsmesser eingesetzt oder aber derjenige Verbrauch in Anrechnung gebracht, welcher sich aus dem durchschnittlichen Stromverbrauch des Zählers in dem Monat vor seiner Herausnahme und nach seiner Wiedereinsetzung ergibt.

9. Falls dem Abnehmer Zweifel über die richtige Angabe des Stromverbrauches durch den Elektrizitätsmesser entstehen, so kann er verlangen, daß die Gesellschaft den Zähler auf seine Richtigkeit nachprüfen läßt. Ergibt sich, daß die Abweichungen 5 % nach oben oder nach unten nicht überschreiten, so gilt die Angabe des Elektrizitätsmessers als richtig. Dem Ergebnis der Prüfung hat sich der Stromabnehmer zu unterwerfen.

Hat sich bei der Prüfung ergeben, daß die zulässige Fehlergrenze nicht überschritten ist, so hat der Antragsteller außer den Kosten des zur Prüfung notwendigen Stromverbrauches auch die Kosten der Prüfung zu tragen. Die in solchem Falle für die Prüfung zu zahlenden Gebühren betragen für Elektrizitätsmesser bis zu je 50 Lampen von je 16 Normalkerzen oder deren Äquivalent ...... M.

Wird ein Elektrizitätsmesser ohne besonderen Antrag von der Gesellschaft geprüft, so werden Prüfungsgebühren nicht erhoben.

Die durch Überschreitung der zulässigen Fehlergrenze bedingten und bei der Prüfung ermittelten Rückvergütungen oder Nachzahlungen werden bei der nächsten Rechnungsstellung verrechnet.

§ 9.

Elektromotoren.

Die Aufstellung von Elektromotoren über ..... PS und anderen Apparaten für technische Verwendung des elektrischen Stromes unterliegt besonderer Vereinbarung mit der Gesellschaft. Letzterer wird das Recht eingeräumt, den Anschluß der angemeldeten Apparate zurückzuweisen oder entschädigungslos die weitere Benutzung zu verbieten, falls durch dieselben Nachteile für das Leitungsnetz eingetreten oder zu erwarten sind.

§ 10.

Dreschanschlüsse.

Die Gesellschaft baut nach Vereinbarung auf eigene Kosten Niederspannungsdreschanschlüsse und stellt dieselben den Konsumenten gegen eine monatliche Miete pro Dreschanschluß von ..... M für Mitglieder und ..... M für Nichtmitglieder zur Verfügung.

Außerdem ist die Gesellschaft bereit, die Fernleitungen nach den Dreschdiemen oder sonstigen Verbrauchsstellen auf eigene Kosten bereitzustellen, wenn der Stromabnehmer sich verpflichtet, nach erfolgtem Anschluß fünf Jahre lang Strom in Höhe von jährlich mindestens ... % des für die Fernleitung aufgewandten Kapitals zu entnehmen. Die Vereinbarung und Entschließung bleibt in jedem Falle der Gesellschaft vorbehalten.

§ 11.

Zahlungsweise.

Alle Zahlungen für Stromverbrauch, ebenso die Miete für die Elektrizitätsmesser und die Dreschanschlüsse, die Kosten der Anschlußarbeiten, Ausbesserungen, Lieferungen usw. sind bei der Kasse der Gesellschaft innerhalb acht Tagen nach Zustellung der Rechnungen zu entrichten. Die Rechnungen werden den Abnehmern allmonatlich zugestellt. Es ist nicht gestattet, an diesen Rechnungen über den Stromverbrauch irgendwelche Abzüge zu machen. Etwa sich herausstellende Unrichtigkeiten werden bei der nächsten Rechnung berücksichtigt.

Diejenigen Abnehmer, welche die Beträge ihrer Rechnungen nicht innerhalb 14 Tagen nach Zustellung vollständig und bar zur Kasse entrichtet haben, werden hieran schriftlich erinnert, wofür eine Erinnerungsgebühr von ... Pf. zu entrichten ist. Wird sodann die Zahlung nicht zu dem in der schriftlichen Erinnerung bestimmten Tage geleistet, so kann die Gesellschaft die Entziehung des Stromes veranlassen.

Erfolgt die Berichtigung des Rechnungsbetrages erst nach Entziehung des Stromes, so kann die Gesellschaft die weitere Abgabe von Strom an den Abnehmer ablehnen. Wird dagegen die Stromzuführung wieder zugegeben, so hat der Abnehmer für die Mühewaltung und sonstigen Maßnahmen, welche durch die Entziehung und Wiederzuführung erwachsen, eine Entschädigung von ..... M an die Kasse der Gesellschaft zu leisten.

Die Gesellschaft ist berechtigt, die Zuführung des Stromes von der Stellung einer angemessenen Kaution durch den Stromabnehmer abhängig zu machen und sich an dieser Kaution wegen aller ihrer Ansprüche gegen den Abnehmer ohne Anrufung der Gerichte schadlos zu halten.

§ 12.

Stromentziehung.

Die Stromentziehung kann außer dem in § 11 angeführten Grunde ohne weiteres verfügt werden:

1. wenn den vorstehenden Bestimmungen oder sonstigen Anordnungen der Gesellschaft in bezug auf die elektrische Anlage zuwidergehandelt wird, und

2. wenn der Strom zu anderen Zwecken verwendet wird, als in der Anmeldung angegeben ist.

§ 13.

Diese Bedingungen werden dem Stromabnehmer vor dem Anschlusse der Anlage ausgehändigt, und derselbe erkennt sie durch Unterzeichnung der Anmeldung an. Die Stromlieferungsbedingungen gelten wegen ihrer Wichtigkeit als ein Teil der Geschäftsordnung und können nur durch Beschluß der .... Änderung erfahren.

§ 14.

Für alle aus dem Anschlusse und dem Strombezuge herrührenden Streitigkeiten ist das Amtsgericht zu .... zuständig.

Elektrische Überlandzentrale

....

Strombezugs-Vertrag.

Zwischen der elektrischen Leitungsgesellschaft ...., nachstehend kurz „Gesellschaft" genannt, einerseits und ...., nachstehend kurz „Zentrale" genannt, andererseits wird folgender Strombezugsvertrag abgeschlossen.

§ 1.

Vertragsgegenstand.

Die Zentrale verpflichtet sich, nach Verlauf von .... Monaten nach Abschluß dieses Vertrages auf die Dauer von ...Jahren nach Maßgabe der nachstehenden Bedingungen an die Gesellschaft Elektrizität in Form von Drehstrom mit einer normalen Spannung von ..... Volt und einer Periodenzahl von ..... pro Sek. ab Außenwand ihrer .... zu liefern. Die Schwankungen der Spannung dürfen bei normalem Betriebe ± ..... %, die Schwankungen der Periodenzahl ...... % bei ungefähr gleichbleibender Belastung nicht übersteigen. Die Gesellschaft kann jederzeit verlangen, daß die Stromspannung der Belastung entsprechend bis zu ...... % erhöht wird, und ist berechtigt, die Anweisungen für die Spannungsregulierung unmittelbar an das Schaltpersonal der Zentrale zu geben. Die Zentrale verpflichtet sich, an keinen Dritten innerhalb des Versorgungsgebietes der Gesellschaft direkt Strom zu liefern. Die Gesellschaft verpflichtet sich andererseits, den gesamten Bedarf an Starkstromelektrizität nur von der Zentrale zu entnehmen.

§ 2.

Höchstleistung.

Die Zentrale verpflichtet sich, zu jeder Tages- und Nachtzeit für die Gesellschaft vom ersten Lieferungstermine ab eine gleichzeitig abzunehmende Höchstleistung von mindestens .... Kilowatt bereit zu halten. Vorübergehende Überschreitungen bis zu ...... % über die angeforderte Höchstleistung muß die Zentrale ohne Rücksicht auf die Mindestgarantie der abzunehmenden KW-Stunden zulassen.

Sollte die Gesellschaft eine größere Höchstleistung für ihren Betrieb benötigen, als vereinbart, so muß dieselbe bei der Zentrale den Antrag hierzu stellen. Die Zentrale ist dann verpflichtet, spätestens ... Jahr nach der ergangenen Aufforderung die Höchstleistung auf das angeforderte Maß zu erhöhen.

Die Zentrale ist aber nicht verpflichtet, Steigerungen der Höchstleistung von weniger als jeweils .... Kilowatt vorzunehmen.

Nach Ablauf der ersten .... Jahre der Vertragsdauer braucht die Zentrale eine Steigerung der Höchstleistung nur auf Grund besonderer Vereinbarung auszuführen. Kommt eine solche Vereinbarung nicht zustande, so ist die Gesellschaft berechtigt, denjenigen Strombedarf, welcher von der Zentrale mit Hilfe der bis dahin angeforderten Höchstleistung nicht gedeckt werden kann, anderweitig zu beziehen.

Die Gesellschaft hat vom Anfang des .....ten Betriebsjahres, nach dem (Datum) ...., eine jährliche Benutzungsdauer der angeforderten Höchstleistung von ..... Stunden zu garantieren.

§ 3.

Schaltanlage.

Die Zentrale ist verpflichtet, alle Einrichtungen auf ihre Kosten vorzunehmen, soweit dieselben an ihrem Gebäude innerhalb und außerhalb für eine gute und sichere Stromlieferung erforderlich sind, wie z. B. Schaltanlage sowie Blitz- und Überspannungsschutzvorrichtungen im Werk. Insbesondere müssen auf Verlangen der Gesellschaft ..... automatische Maximalölausschalter für den Anschluß der Hauptfernleitungen eingebaut werden. Die Gesellschaft ist berechtigt, kostenlos die Grundstücke der Zentrale zu benutzen; jedoch kann die Gesellschaft für sich nur einen Raum von höchstens .... qm beanspruchen. Den mit Legitimation versehenen Beauftragten der Gesellschaft muß jederzeit der Zutritt zu den Stromerzeugungsanlagen gestattet werden.

Die Gesellschaft ist verpflichtet, für Blitz- und Überspannungsschutz innerhalb der Leitungsanlagen zu sorgen.

§ 4.
Elektrizitätspreise.

Als Einheitspreis für die Kilowattstunde wird bis zu einem jährlichen Elektrizitätsverbrauch von .... KW-Stunden ein Preis von ..... Pf. pro KW-Stunde festgesetzt. Für den über dieses Maß hinausgehenden Stromkonsum tritt eine Ermäßigung des Einheitspreises auf .... Pf. ein. Ergibt der Jahreskonsum eine höhere Benutzungsdauer der im Rechnungsjahr aufgetretenen registrierten Höchstleistung als ..... Stunden, so tritt für die mehr benutzten Stunden mal Kilowatt Höchstleistung ein Einheitspreis von ..... Pf. pro KW-Stunde in Kraft.

Bei der Berechnung der Stromkosten wird zunächst das Stromquantum mit höherer Benutzungsdauer zu dem ermäßigten Satz und alsdann der Rest zu den Einheitssätzen des Staffeltarifs verrechnet.

§ 5.
Zahlungsbedingungen.

Die Zentrale erteilt der Gesellschaft allmonatlich provisorische Rechnung über die abgegebenen Elektrizitätsmengen, und zwar für die ersten vom .... an auflaufenden .... Kilowattstunden zum Preise von .... Pf., darüber hinaus zum Preise von .... Pf. Diese provisorische Rechnung ist zahlbar bis zum .... des der Lieferung folgenden Monats in bar an die Kasse der Zentrale. Am Ende jeden Jahres wird die definitive Rechnung festgesetzt, nämlich die Preisermäßigung auf .... Pf. für die Mehrstunden über .... Benutzungsstunden hinaus (§ 4). Zu diesem Zwecke wird die Gesamt-Stromlieferung durch Ablesen der KW-Stunden am Meßinstrument festgestellt, ebenso die Höchstleistung durch Ablesen an dem dafür vorhandenen Instrument. Aus diesen beiden Zahlen wird die Benutzungsdauer durch Division der Gesamt-Stromlieferung durch die Höchstleistung ermittelt.

Die Differenz gegen die provisorische Rechnung wird von der Zentrale an die Genossenschaft zurückvergütet und ist zuzüglich ..... % für entgangene Zinsen bis zum ..... des folgenden Monats zahlbar.

§ 6.
Elektrizitätszähler.

Die Messung der Elektrizität erfolgt durch Elektrizitätszähler mit Höchstleistungsanzeiger, eingerichtet für $\frac{1}{4}$ stündige Registrie rung, die in dem Elektrizitätswerk in die abgehenden Hochspannungsleitungen eingeschaltet sind, und zwar werden je zwei Zähler einheitlichen Systems und gleicher Größe zu gegenseitiger Kontrolle hintereinander geschaltet, von denen einer Eigentum der Zentrale und einer Eigentum der Gesellschaft ist. Die Zähler sind unter Plombenverschluß zu halten und sind, falls sie eine Differenz in ihren Angaben von mehr als 5 % zeigen, mindestens jedoch alle ...... Jahre zu reinigen und nachzuaichen. Die Nachaichungen müssen durch einen von beiden Parteien anerkannten Sachverständigen erfolgen. Besteht zwischen den Parteien kein Einverständnis über den Sachverständigen, so sind die Nachaichungen von einem Beauftragten der .... vorzunehmen. Die Kosten hierfür sind gemeinsam zu tragen. Reparaturkosten der Zähler trägt jeder Eigentümer selbst.

Die Zähler der Gesellschaft sind von der Zentrale gegen Feuersgefahr zu versichern.

Die Zählerablesungen finden durch je einen Beauftragten beider Parteien gemeinschaftlich statt. Der Zutritt zu den Elektrizitätszählern muß den Beauftragten der Gesellschaft, die sich als solche legitimieren, jederzeit gestattet werden. Bei Abweichungen der beiden hintereinander geschalteten Zähler kommt das sich ergebende Mittel zur Verrechnung. Sollte ein Zähler eine Störung oder einen Stillstand erleiden, so gelten die Angaben des anderen allein; falls beide Zähler zugleich versagen, so gelten die Angaben der Zähler bis zum Augenblicke des Versagens. Die Stromabgabe während der Reparaturzeit wird aus dem Mittel der Tagesverbrauche in der Woche vor und nach der Reparatur festgestellt.

§ 7.

Betriebsstörungen.

Die Zentrale ist verpflichtet, etwaige Elektrizitätslieferungsunterbrechungen mit allen Mitteln zu verkürzen. Bei einer nicht vertraglichen Unterbrechung oder bei nicht ausreichenden vertraglichen Elektrizitätslieferungen von mehr als ... Stunden ist die Gesellschaft berechtigt, sich die Elektrizität bzw. die Kraft für die Dauer der Unterbrechung anderweitig zu beschaffen; die Zentrale kann die Wiederaufnahme des Strombezuges von ihrem Werk nur in der Mittagsstunde (12—1 Uhr) verlangen. Wenn die nicht vertraglichen Unterbrechungen bzw. nicht ausreichenden vertraglichen Elektrizitätslieferungen in Summa eine längere Dauer als .... Tage in dem laufenden Betriebsjahre ergeben, so hat die Zentrale Ersatz für die nachweislich der Gesellschaft entstehenden Unkosten bis zu einem Betrage von ..... Pf. pro KW-Stunde, die anderweit bezogen werden mußte, zu leisten. Bei der Berechnung dieser ..... Tage sollen nur die Zeiten von der jeweiligen

Abschaltung bis zur Wiederbereitschaftserklärung durch die Zentrale addiert werden. Ausnahmen hiervon treten ein, wenn die Zentrale nachweist, daß sie durch Betriebsstörungen, Maßnahmen der Verwaltungsbehörden, Arbeiterausstände, Aussperrungen, sofern letztere nicht nur örtlicher Natur sind, höhere Gewalt und Mobilmachung trotz Anwendung der erforderlichen Sorgfalt an der Stromlieferung verhindert wurde.

Die Zentrale hat der Gesellschaft von einer Betriebsstörung, sowie von einer zu erwartenden Betriebsunterbrechung und von deren voraussichtlicher Dauer unter Angabe der veranlassenden Umstände unverzüglich Mitteilung zu machen. In allen Fällen der Elektrizitätsunterbrechung oder mangelhafter Lieferung durch die Zentrale von jedesmal mehr als ..... Stunden wird die von der Gesellschaft garantierte Mindestabnahme derart reduziert, daß das Mittel der Zählerablesungen am Werktage vor und nach der Unterbrechung als ausgefallener Tagesverbrauch für die Dauer der Unterbrechung gerechnet wird, und es verschieben sich die im § 4 festgelegten Preisermäßigungsstufen um die gleiche Summe Kilowattstunden.

Die Zentrale ist berechtigt, gegen vorherige Bekanntgabe an Sonn- und Festtagen die Elektrizitätslieferung in der Zeit von ...... Uhr vormittags bis ..... Uhr nachmittags zur Vornahme von Messungen und Reparaturen einzustellen.

§ 8.

Übertragung.

Es steht beiden Teilen frei, die Rechte und Pflichten aus vorliegendem Vertrage an eine andere gleichwertige physische oder juristische Person zu übertragen, sobald diese sich in rechtsverbindlicher Form schriftlich bereit erklärt hat, die im Vertrage festgelegten Rechte und Pflichten zu übernehmen, und genügende Sicherheit leistet.

§ 9.

Reserven.

Die Zentrale ist verpflichtet, ausreichende Reserven für die Elektrizitätslieferung bereit zu halten und neue der Stromlieferung dienende Anlagen nach erprobtem, der fortschreitenden Technik entsprechenden Stande zu errichten und dauernd in dem bestmöglichen betriebsfähigen Zustande zu erhalten.

§ 10.

Schiedsgericht.

Zur Beilegung von Streitfällen ist ein Schiedsgericht zu berufen. Jeder der beiden Kontrahenten ernennt zu diesem Zweck innerhalb

.... Tagen nach ergangener schriftlicher Aufforderung von einer Partei einen Schiedsrichter. Falls die beiden Schiedsrichter innerhalb ...... Monaten nach ihrer Ernennung einen Vergleich zwischen den Parteien nicht zustande bringen, so erhalten die Kontrahenten das Recht, den Streit vor die ordentlichen Gerichte zu bringen. Gerichtsstand für beide Parteien ist ....

Bis zur Erledigung des Streitfalles — sei es, daß dieser durch Vergleich oder durch Urteil erfolgt, — muß die Zentrale auf jeden Fall allen ihren Verpflichtungen in bezug auf die Stromlieferung nachkommen.

§ 11.

Erfüllungsort.

Erfüllungsort für alle Verpflichtungen der Gesellschaft ist ......

§ 12.

Stempel.

Stempel und Kosten dieses Vertrages werden von beiden Parteien zu gleichen Teilen getragen.

Kreis-Vertrag.

Zwischen der Überlandzentrale .... zu .... (nachfolgend genannt „Gesellschaft") einerseits und den Kreisen .... (nachfolgend genannt „Die Kreise") andererseits wird nachstehender Vertrag geschlossen:

Ziffer 1.

Die Kreise übernehmen die gesamt- und selbstschuldnerische Bürgschaft für eine von der Gesellschaft durch Ausgabe von Inhaberpapieren — Teilschuldverschreibungen — aufzunehmende, mit mindestens ... % zu tilgende Anleihe im Höchstbetrage von ...., geschrieben ...., und zwar für Kapital und Zinsen. Die Kreise verpflichten sich insbesondere, dafür einzustehen, daß die Zinsen für die jeweils im Umlaufe befindlichen Teilschuldverschreibungen pünktlich bezahlt, ferner, daß die Teilschuldverschreibungen, welche gemäß einer .... % Tilgung fällig werden, jeweils pünktlich eingelöst werden. Die Tilgung beginnt am ....

Ziffer 2.

Die Gesellschaft verpflichtet sich, die im Falle der Inanspruchnahme der Kreise verauslagten Beträge gemäß § ... ihres Gesellschaftsvertrages bzw. Statuts den Kreisen wiederzuerstatten.

Ziffer 3.

Die Anleihe darf nur für Bauzwecke und für solche Betriebsausgaben Verwendung finden, zu denen die Kreise ihre Genehmigung erteilt haben. Ebenso wird nach voller Inbetriebsetzung der Anlage die gesamte Geldwirtschaft der Gesellschaft insofern der Kontrolle der Kreise unterstellt, als die Gesellschaft alljährlich einen Voranschlag über die Einnahmen und Ausgaben aufstellt, diesen Voranschlag den Kreisen zur Genehmigung unterbreitet und nur innerhalb dieses Voranschlages Ausgaben leisten darf, nicht veranschlagte Ausgaben dürfen erst nach eingeholter Genehmigung der Kreisausschüsse geleistet werden.

Kommt über die Erteilung dieser Genehmigungen ein übereinstimmender Beschluß der Kreisausschüsse nicht zustande, so entscheidet der Herr Regierungspräsident zu .... endgültig.

Ziffer 4.

Die Gesellschaft hat sich sowohl beim Bau als auch später der technischen Beratung und der Kontrolle der ....
....
zu unterwerfen.

Ziffer 5.

Den von den Kreisausschüssen die Kreise oder eines Kreises Beauftragten ist jederzeit Einsichtnahme der Geschäftsbücher gestattet. Binnen 6 Monaten nach Schluß jeden Geschäftsjahres ist ein Geschäftsbericht nebst Vermögensübersicht und Gewinn- und Verlustrechnung an die Kreisausschüsse einzureichen.

Ziffer 6.

Die Gesellschaft ist verpflichtet, sich die Kontrolle ihrer Bücher und Geschäftsführung durch die Organe des ....
.... gefallen zu lassen, insbesondere die alljährlich an die Kreisausschüsse zu .... einzureichende Gewinn- und Verlustrechnung vorher von ....
prüfen zu lassen, auch darin zu willigen, daß der ....
über die gesamten Verhältnisse der Gesellschaft jederzeit den Kreisausschüssen Auskunft erteilt.

Ziffer 7.

Die Kreise sind berechtigt, den Sitzungen der Organe der Überlandzentrale je durch einen Beauftragten mit beratender Stimme beizuwohnen. Zu diesem Zwecke sind die Kreisausschüsse der Kreise rechtzeitig von jeder Sitzung unter Mitteilung der Tagesordnung zu benachrichtigen.

Vertrag mehrerer Kreise untereinander.

Zwischen den Kreisen ....
wird folgender Vertrag geschlossen:

Ziffer 1.

Die seitens der Kreise .... durch den mit der Überlandzentrale .... zu ...... abgeschlossenen Vertrag vom .... übernommene Bürgschaft für Verzinsung und Tilgung einer Anleihe von .... M verteilt sich auf die Kreise nach dem Verhältnis des für jeden Kreis aufgewendeten Baukapitals.

Ziffer 2.

Die Höhe des auf jeden Kreis entfallenden Baukapitals wird am Schlusse jedes Geschäftsjahres von der Überlandzentrale festgestellt und von .... geprüft und ist für die Dauer des darauffolgenden Geschäftsjahres für die Garantieverpflichtung eines jeden Kreises maßgebend.

Viertes Kapitel.

Vergabe der Bau- und Installationsarbeiten.

Die erste und wichtigste Aufgabe der Gesellschaft nach dem Baubeschluß besteht in der Vergabe der Bau- und Installationsarbeiten. Da die richtige Wahl der Elektrizitätsfirmen sowie die planmäßige Verteilung der Arbeiten von großem Einfluß auf die wirtschaftliche Ausgestaltung der Überlandzentrale ist, so ist auch für diese Arbeiten die Hinzuziehung eines erfahrenen Sachverständigen unbedingt erforderlich. Außerdem empfiehlt es sich, schon zu diesem Zeitpunkt einen tüchtigen, technisch und kaufmännisch gebildeten Betriebsleiter anzustellen, damit derselbe den Bau des Werkes in allen Phasen verfolgen und die Verantwortung für die Güte und Betriebssicherheit der ganzen Anlage übernehmen kann.

Was zunächst die Bauarbeiten anbetrifft, so zerfallen sie in Kraftstation, Hochspannungsnetz, Transformatorenstationen, Niederspannungsnetz und Hausanschlüsse. Für Leitungsgesellschaften fällt naturgemäß die Kraftstation fort.

Bei näherer Betrachtung der Anlagen einer Überlandzentrale zeigt sich, daß der bei weitem größere Teil derselben nicht in das Fabrikationsgebiet der Elektrizitätsfirmen fällt, so z. B. die Lieferung, Aufstellung und Montage der Holz-, Gitter- oder Betonmaste, der Isolatoren, der Transformatorenhäuser und der Hoch- und Tiefbauten für die Kraftstation usw.

Auch die Kupferleitungen können nicht als speziell elektrotechnische Artikel betrachtet werden. Es bleiben demnach als eigene Fabrikate der Elektrizitätsfirmen übrig die elektrischen Maschinen, Transformatoren, und die Apparate und Instrumente in der Kraftstation und den Transformatorenstationen.

Für Leitungsgesellschaften belaufen sich die elektrotechnischen Lieferungen auf nur etwa 10—20 % des Gesamtobjektes. Es fragt sich nun, ob man angesichts dieser Verhältnisse die Bauarbeiten, insbesondere die Leitungsnetze den Elektrizitätsfirmen, welche einen großen Teil der Lieferungen und Arbeiten naturgemäß an Unterlieferanten weiter vergeben, übertragen soll oder nicht. Es steht außer Zweifel, daß eine Gesellschaft, welche die Arbeiten in eigener Regie unter der Leitung ihres Betriebsdirektors ausführt und die einzelnen Teile der Anlage direkt an die in Frage kommenden Firmen verteilt, billigere Preise im einzelnen erzielt, als wenn die ganze Anlage an eine bzw. mehrere Elektrizitätsfirmen vergeben wird. Es darf aber nicht übersehen werden, daß gerade der Bau von Leitungsanlagen ein sehr umfangreiches und geschultes Personal für die Einholung der Konzessionen, Absteckung der Leitungen und die Baubeaufsichtigung erfordert; die hierdurch erwachsenden Kosten heben die Ersparnisse bei direktem Einkauf der Materialien und direkter Vergabe der Arbeiten meist wieder völlig auf. Hierzu kommt noch der Umstand, daß die Gesellschaft in dem einen Falle mit einer großen Anzahl von Firmen und Unternehmern Garantieverträge abschließen muß, während in dem anderen Falle die Elektrizitätsfirma bzw. einige Elektrizitätsfirmen als Generalunternehmer die gesamte Garantie für die Anlage einschließlich aller Zulieferungen übernehmen. Es wird daher im allgemeinen trotz der überwiegenden Fremdlieferungen die einheitliche Vergabe der Bauarbeiten an eine oder mehrere Elektrizitätsfirmen zu empfehlen sein. Für alle Arbeiten, an deren Vergabe die Gesellschaft sich einen Einfluß sichern will, wie z. B. für Erd-, Maurer- und Zimmererarbeiten kann vertraglich die Bedingung gestellt werden, daß die Gesellschaft die Lieferanten bzw. Unternehmer auf Grund von eingeholten Offerten bestimmt und der Elektrizitätsfirma einen angemessenen Prozentsatz von der jeweiligen Abschlußsumme als Vergütung für die Bauaufsicht usw. gewährt, oder daß zum mindesten die Gesellschaft sich die Genehmigung der Unterlieferanten vorbehält.

Für die Ausführung der Bauarbeiten gibt es eine ganze Anzahl leistungsfähiger und unabhängiger Elektrizitätsfirmen. In den Fällen, in welchen Elektrizitätsfirmen schon bei der Erledigung der Vorarbeiten durch Agitation mitgewirkt haben, wird man diese Firmen im allgemeinen in erster Linie berücksichtigen. Immerhin ist es nötig, bei der Festsetzung der Preise auch andere unbeteiligte Elektrizitätsfirmen zur Konkurrenz heranzuziehen. Häufig wird die Erfahrung gemacht, daß auch bei weitgehendster Heranziehung von Konkurrenz in bezug auf die Preisstellung nicht der erwünschte Erfolg erzielt wird; die bis auf wenige Prozent übereinstimmenden Endsummen und Einzelkalkulationen der Projekte lassen die Vermutung nicht unberechtigt erscheinen, daß in solchen Fällen eine Preisvereinbarung unter den beteiligten Elektrizitätsfirmen stattgefunden hat. Unter derartigen Verhältnissen wird es nötig, daß der Sachverständige nach seinen Erfahrungen unter Berücksichtigung eines angemessenen Verdienstes für die Firma die Preise kalkuliert, und die Vergabe der Lieferungen und Arbeiten auf Grund sogenannter Limite erfolgt.

Es entsteht nun noch die Frage, ob die Aufträge zweckmäßig „pauschal", d. h. zu einem festen unveränderlichen Gesamtpreis, oder „nach Aufmaß" auf Grund von vereinbarten Einheitspreisen vergeben werden. In den Fällen, in denen, wie z. B. bei der Herstellung der Kraftstation, die Lieferungen und Leistungen bis auf alle Einzelheiten vorher genau festgelegt werden können, empfiehlt sich die Vergabe nach einer Pauschalsumme; in allen anderen Fällen aber, wie z. B. bei der Ausführung von Leitungsnetzen, wo während des Baues notwendig Abweichungen von dem Projekt eintreten, empfiehlt sich die Vergabe auf Grund von Einheitspreisen nach späterem Aufmaß.

Die Rechte und Pflichten der bauausführenden Firmen sind in den Bauverträgen genau zu fixieren. Je gewissenhafter diese Verträge ausgearbeitet sind, und je mehr dafür gesorgt wird, daß allen Eventualitäten Rechnung getragen ist, um so einfacher gestaltet sich die spätere Abrechnung.

Auf die technischen Details soll hier nicht eingegangen werden, da diese von den jeweiligen Verhältnissen zu sehr abhängen. Als Grundsatz muß gelten, den Umfang der Anlagen nach dem augenblicklichen Bedürfnis einzuschränken, aber ausbaufähig zu gestalten. Es soll an dieser Stelle nochmals hervorgehoben werden, daß bei dem Bau einer Überlandzentrale die größte Sparsamkeit walten muß; die Anlagen sind unter Berücksichtigung der erforderlichen Betriebssicherheit mit den technisch einfachsten und daher billigsten Mitteln herzustellen. Es ist früher schon darauf hingewiesen, daß zunächst nur der sogenannte erste Ausbau, welcher bei den Vorausberechnungen eine Wirtschaftlichkeit erkennen ließ, zur Ausführung gelangt, und alle Erweiterungen ausschließlich von der Entwicklung des Konsums und von der Beteiligung abhängig gemacht werden.

Nachstehend folgen die Entwürfe

für ein Auftragsschreiben über eine Kraftstation[1]) (Dampfmaschinenanlage), welches auch in Vertragsform aufgesetzt werden kann,

für einen Vertrag über die Vergabe von Hoch- und Niederspannungsnetzen nebst Transformatorenstationen und Hausanschlüssen

sowie für die zu diesem Vertrag gehörigen Einheitspreisaufstellungen und zwar

A. für Hochspannungsleitungen und Niederspannungsleitungen nebst Transformatorenstationen,

B. für Hausanschlüsse.

---

[1]) Die einzelnen Positionen des Auftrags können gesondert vergeben werden.

Zu dem Vertrag für den Leitungsbau sei hervorgehoben, daß indemselben der Einfachheit wegen alle Lieferungen und Leistungen für die gesamte Anlage aufgenommen sind; bei einer Verteilung der Arbeiten an mehrere Firmen würde die Fassung der Verträge nur in einzelnen unwesentlichen Punkten Änderungen erfahren.

Auftragsschreiben

über eine Kraftstation (Dampfmaschinenanlage).

An

die Elektrizitätsfirma

....

in ....

Wir übertragen Ihnen hiermit die Lieferung und betriebsfertige Herstellung folgender Anlagen:

a) Elektrische Anlage, bestehend aus
   1. Generatoren,
   2. Transformatoren,
   3. Schaltanlage,
   4. Verbindungsleitungen,
   5. Beleuchtung der Zentrale,

b) Dampfmaschinenanlage mit Kondensation nebst Luft- und Kondensationspumpe sowie sämtlichen Rohrverbindungen,

c) Dampfkesselanlage mit Kesselspeisevorrichtung und Rohrleitungen

d) Laufkran,

e) Werkstätteneinrichtung,

f) Maschinengebäude mit Schornstein, Rauchkanal, Kesseleinmauerung, Kessel- und Maschinenfundamente.

Umfang und Art Ihrer Lieferungen und Leistungen Pos. a bis e sind bestimmt durch Ihren Kostenanschlag Nr. .... vom .... sowie Ihre Zeichnungen Nr. .... mit der Maßgabe, daß Sie für die Zweckmäßigkeit und Richtigkeit aller in dem Kostenanschlage enthaltenen Dimensionen, Maße und Mengen mit Bezug auf ein ordnungsmäßiges Zusammenarbeiten sämtlicher Maschinen, Apparate und Vorrichtungen haften. Alle von Ihnen in dem Kostenanschlage Nr. .... gemachten Angaben über Leistungen, Wirkungsgrade, Überlastbarkeit usw. der Maschinen und Apparate, sowie die Garantien der von Ihnen gewählten Dampfmaschinen- und Dampfkessel-, Kran- und Werkzeugfirmen sind für Sie verbindlich.

Für die unter f aufgeführten Lieferungen und Leistungen sind von Ihnen Angebote von leistungsfähigen Bauunternehmern, deren Wahl und Genehmigung wir uns vorbehalten, einzuholen, auf Grund deren Ihnen der Auftrag gesondert erteilt wird. Für die Richtigkeit der Bauzeichnungen sowie aller Fundamentzeichnungen haften Sie.

Alle Ihre Lieferungen verstehen sich einschl.

1. Fracht und Anfuhr zur Baustelle.
2. Verpackung, welche von uns als Frachtgut kostenfrei an die Ausgangsstation zurückgesandt wird.
3. Maschinen-, Fundament- und Bauzeichnungen.
4. Montage mit Stellung der Hilfsarbeiter, Stellung von Rüst- und Hebezeugen, Erd-, Maurer, Zimmerer-, Maler-, Tischler- und Schlosserarbeiten.
5. Bauleitung. Ausarbeitung der Eingaben zur Einholung der Genehmigung für die Errichtung der Kraft- und Transformatorenstation, Herstellung der Pläne, Führung der erforderlichen Verhandlungen, Wahrnehmung der anberaumten Termine, Ausarbeitung der Berichte über den Stand der Arbeiten, Überwachung der Ausführung durch das erforderliche Ingenieur- und Obermonteur-Personal.
6. Inbetriebsetzung.
7. Probebetrieb von 14 Tagen mit 10 stündigem Betrieb, zu welchem Sie auch das Bedienungspersonal sowie Putz- und Schmiermaterialien, letztere auf unsere Kosten, zu stellen haben. Kohlen und Wasser werden hierzu von uns geliefert.
8. Abnahmeversuche einschl. Stellung aller zur Ausführung dieser Versuche und für den Nachweis der von Ihnen übernommenen Garantien erforderlichen Apparate und Instrumente sowie einschl. Montagearbeiten.

Ausgeschlossen von Ihren Lieferungen sind:

1. Anschlußgleise,
2. Wasserversorgung (Brunnen, Wasserleitung),
3. Installation und Einrichtung der Wohnräume.

Der Preis für die gesamten, vorstehend unter a bis e benannten und nach Umfang und Qualität bestimmten Anlagen beträgt .... M geschrieben M ....

Der Kaufpreis für die unter f bezeichnete Anlage bestimmt sich nach dem von uns erteilten Zuschlag für den Bauunternehmer mit einem Verdienst von .... % für Sie.

Für den vereinbarten Gesamt-Kaufpreis muß die ganze Anlage in dem festgelegten Umfang von Ihnen ohne jede Nachforderung betriebs- und schlüsselfertig ausgeführt werden.

Alle Nachlieferungen und Mehrarbeiten, soweit dieselben nicht vorstehend ausdrücklich ausgeschlossen sind, und soweit dieselben zur betriebssicheren, den Sicherheitsvorschriften entsprechenden Kraftstation gehören, müssen von Ihnen ohne besondere Berechnung geliefert werden, auch wenn derartige Lieferungen und Arbeiten in Ihrem Kostenanschlage und den Zeichnungen nicht einzeln mit aufgeführt sind. Der Gesamtkaufpreis ist fest vereinbart und kann nur auf Grund neuer schriftlicher Vereinbarung eine Änderung erfahren.

Die Bezahlung der gesamten Anlage a—f leisten wir in folgenden Raten: ....

....

Außer den in Ihrem Kostenanschlag zugesicherten Eigenschaften und Garantien der Anlage sind von Ihnen noch folgende

Sonderbedingungen

zu erfüllen:

1. Allgemeines.

Die Ausführung der Gesamtanlage sowie die Beschaffenheit aller einzelnen Lieferungsgegenstände muß den höchsten Anforderungen entsprechen, welche nach dem heutigen Stande der Technik erhoben werden können.

Alle Lieferungen müssen außer den festgelegten Sonderbedingungen auch den zurzeit der Betriebsübernahme bestehenden Normalien und Vorschriften entsprechen.

Sie sind verpflichtet, den von uns Beauftragten über alle Einzelheiten Ihrer Lieferungen genaue Auskunft zu geben.

Arbeiten und Materialien, welche während des Baues von uns oder unseren Beauftragten beanstandet werden, dürfen bei Ausführung der Anlage keine Verwendung finden.

2. Dynamomaschinen.

Beim Betrieb der Aggregate muß ein leichtes und anstandsloses Parallelschalten und ein in der Stromstärke nicht pendelndes Parallellaufen gesichert sein. Die Generatoren müssen ein ruhiges Licht abgeben.

Der Lauf der Generatoren-Schleifringe und der Erregermaschinen-Kollektoren muß funkenfrei sein, und es darf bei letzteren innerhalb .... % Belastungsänderung keine Verstellung der Bürstenbrücke erforderlich werden.

Die Spannung der Generatoren muß bei normaler Tourenzahl und einer Überlastung bis auf ..... % während einer halben Stunde auf .... Volt gehalten werden können; die Erregerspannung von

...... Volt muß hierzu ausreichen. Für das Maß der Überlastung ist die Phasenverschiebung zu berücksichtigen.

Die Spannung der Generatoren darf um nicht mehr als ..... % steigen, wenn ihre Leistung bei gleichbleibender Tourenzahl und Erregerspannung von Vollast ($\cos \varphi = 1$) auf Null ausgeschaltet wird.

Die Isolation der Generatoren und der Erregermaschinen muß eine Erwärmung bis zu ...... °C, ohne Schaden zu nehmen, im Dauerbetrieb aushalten und eine Durchschlagsfestigkeit besitzen, welche bei den Statoren einer Spannung von .... Volt Wechselstrom sicher widersteht, wenn die Maschinen betriebsmäßig erwärmt sind.

Die Erregermaschinen und die Rotoren müssen ...... Volt Wechselstrom eine halbe Stunde aushalten. Kein Teil der Dynamo- und Erregermaschinen darf bei Dauerbetrieb und Vollast eine höhere Temperatur als .... °C im Rotor und .... °C im Stator, Schleifringen und Kollektor aufweisen.

Die Phasenverschiebung ist sinngemäß zu berücksichtigen.

3. Transformatoren.

Der Spannungsabfall muß den im Kostenanschlag eingesetzten Werten mit einer Toleranz von ..... % entsprechen.

Die Erwärmung der Transformatoren darf im Öl oben gemessen nicht mehr als .... °C betragen.

Der Aufbau der Transformatoren hat derart zu erfolgen, daß die Zugänglichkeit und leichte Auswechselbarkeit aller Teile der Transformatoren gewährleistet ist.

Die Befestigung der Enden der einzelnen Wicklungen an den Klemmen hat gesichert zu erfolgen, so daß ein selbsttätiges Lösen ausgeschlossen ist.

4. Schaltanlage.

Die Schaltanlage ist in einfacher, aber solider und zweckmäßiger Ausführung mit antimagnetischer Uhr versehen zu liefern; sie erhält ...... Felder.

Es darf kein Holz benutzt werden.

Vor endgültiger Ausführung ist eine ausführliche Zeichnung zur Genehmigung einzureichen.

Die Meßinstrumente müssen Präzisionsinstrumente mit mindestens .... % Genauigkeit sein.

Die Wattmeter, Registrierinstrumente und Zähler müssen für ungleiche Belastung der drei Phasen eingerichtet sein.

Der Hauptzähler für die mit ..... Volt abgehenden Stromkreise erhält Höchstleistungsanzeiger mit viertelstündiger Auslösung.

Die Fernleitungsschalter müssen von der Vorderseite der Hauptschalttafel aus bedient werden können.

Die Parallelschaltungseinrichtung auf der Hauptschalttafel ist so anzuordnen, daß dieselbe später ohne weiteres für .,.. Maschinen benutzt werden kann.

5. Dampfmaschinen.

Für die Lieferung behalten wir uns die Genehmigung der gewählten Firma vor.

Die rotierenden Teile der Dampfmaschinen sowie der direkt gekuppelten Dynamos sind auf das solideste auszubalancieren, insbesondere darf beim Betrieb kein Zittern bemerkbar sein.

Die Stopfbüchsen der Dampfmaschinen dürfen keinen Dampf entweichen lassen.

Der Gleichförmigkeitsgrad der Dampfmaschine muß .... betragen.

Die Regulierung der Dampfmaschinen muß derart sein, daß bei plötzlicher Be- oder Entlastung der Maschine von .... % der jeweiligen Leistung auch vorübergehend die Umdrehungszahl sich um nicht mehr als .... %, bei gleichbleibender Belastung um nicht mehr als .... % und zwischen Leer- und Vollauf um nicht mehr als .... % ändert.

Der Regulator erhält eine Vorrichtung, mit welcher die Tourenzahl während des Betriebes um ......% von Hand reguliert werden kann.

Die Dampfmaschinen sind mit moderner Ausstattung zu versehen; es müssen überall geeignete Vorkehrungen getroffen sein, um ablaufendes Öl sicher auffangen zu können.

Alle Hähne, Ventile und Meßapparate für den Dampfdruck und das Vakuum müssen auf das vollkommenste ausgeführt sein.

Die event. nötigen Abdeckplatten müssen solid umrahmt sein.

6. Dampfkessel.

Für die Lieferung behalten wir uns die Genehmigung der gewählten Firma vor.

Alle Armaturen und Speisevorrichtungen müssen übersichtlich und bequem zugänglich angeordnet werden und den gesetzlichen Vorschriften entsprechen. Die Wasserstände und Manometer sind so anzubringen, daß sie vom Schürraum des Heizers aus beobachtet werden können.

7. Laufkran.

Für die Lieferung behalten wir uns die Genehmigung der gewählten Firma vor.

Der Laufkran muß für die schwersten Maschinenteile der Zentrale berechnet sein und die erforderliche Sicherheit gewähren.

8. Gebäude.

Das Gebäude muß so eingerichtet sein, daß eine Erweiterung der Maschinenleistung um .... KW ohne weiteres möglich ist.

9. Hauptgarantie.

Durch Abnahmeversuche haben Sie nachzuweisen und zu garantieren, daß für Belastungen: $^1/_1$, $^3/_4$ und $^1/_2$ der Maschinenaggregate folgende Werte für den Kohlenverbrauch pro KW-Stunde, an den ...... Volt-Sammelschienen gemessen, nicht überschritten werden. Die Garantieversuche müssen pro Belastung mindestens ..... Stunden durchgeführt werden.

Aggregat I .... KVA

Dauerleistung ($^1/_1$) KW (cos $\varphi = 1$) garantiert ..... kg Kohle p. KW-Std.
„ ($^3/_4$) „ („ $= 1$) „ ..... „ „ „ „
„ ($^1/_2$) „ („ $= 1$) „ ..... „ „ „ „

Aggregat II .... KVA

Dauerleistung ($^1/_1$) KW (cos $\varphi = 1$) garantiert ..... kg Kohle p. KW-Std.
„ ($^3/_4$) „ („ $= 1$) „ ..... „ „ „ „
„ ($^1/_2$) „ („ $= 1$) „ ..... „ „ „ „

Voraussetzungen für die Versuche sind: Normale Dampfspannung (..... Atm. im Kessel), Dampftemperaturen (.... am Einlaßventil), Eintrittstemperatur des Kühlwassers .... ^{0}C, Saughöhe für Speisepumpen und Kondensation nicht über ...... m, reines Speisewasser, Kohlen von .... WE.

Werden die in vorstehendem Schema vorgeschriebenen Kohlenverbrauchsziffern überschritten, so sind wir berechtigt, für jedes Kilogramm Mehrkohlenverbrauch pro KW-Stunde für jede der angenommenen Belastungen ...... M in Abzug zu bringen; findet eine Überschreitung bei einer der Maschinen und für eine der angenommenen Belastungen um mehr als .... kg pro KW-Stunde statt, so steht uns das Recht zu, die betreffende Dampfmaschine samt Kondensationsanlage zurückzuweisen und Ersatz zu verlangen. Die zurückgewiesene Dampfmaschine muß uns so lange verbleiben, bis der Ersatz geliefert ist.

Für das richtige und gute Funktionieren der Gesamtanlage sowie der einzelnen Lieferungsgegenstände bei vorschriftsmäßiger Behandlung übernehmen Sie vom Tage der Abnahme an gerechnet Garantie für die Dauer von .... Jahren. Sollten sich innerhalb dieser Zeit Mängel an der Anlage herausstellen, welche nachweislich auf die Verwendung unzweckmäßigen Materials, auf mangelhafte Ausführung oder fehlerhafte Konstruktion zurückzuführen sind, so sind Sie unter Ausschluß aller anderen Ansprüche zur schnellstmöglichen, völlig kostenlosen Abstellung derselben verpflichtet, widrigenfalls uns das Recht zusteht, dies selbst für Ihre Rechnung bewirken zu lassen.

Als Lieferzeiten für die Anlagen werden folgende festgesetzt:

....

....

Eine Verlängerung der Lieferzeiten über die angegebenen Termine hinaus kann nur bei eingetretenen außergewöhnlichen Ereignissen (höhere Gewalt, Unglücksfälle, Ausstand) genehmigt werden.

Bei Überschreitung der Termine verfallen Sie in eine Konventionalstrafe von ..... % der Bausumme pro volle Woche.

Unmittelbar auf die betriebsfertige Montage der Anlagen erfolgt die Inbetriebsetzung.

Die Abnahmeprüfung jedes Aggregats darf nicht früher als ... Monate und nicht später als ... Monate nach Inbetriebsetzung stattfinden.

Wir gewähren Ihnen vor dem Hauptversuch zur einwandfreien Vorbereitung und zur Prüfung der Versuchseinrichtungen einen Vorversuch, der in allen Teilen auf Ihre Kosten geht. Dieser Versuch muß jedoch ohne wesentliche Störungen der sonstigen Betriebe durchgeführt werden.

Im übrigen gelten die Normen des Vereins Deutscher Ingenieure für Leistungsversuche an Dampfkesseln und Dampfmaschinen sowie die Bestimmungen des Verbandes Deutscher Elektrotechniker über Messungen an elektrischen Maschinen.

Bis zur Abnahme der Anlage tragen Sie alle den Lieferungsgegenständen zustoßenden Schäden. Sie haben daher die erforderlichen Maßnahmen gegen die Gefahr solcher Schäden selbst zu treffen.

Für die Versicherung Ihrer Arbeiter und Beamten gegen Krankheit, Unfall usw. haben Sie auf Grund der hierüber bestehenden gesetzlichen Bestimmungen selbst Sorge zu tragen. Sie haften für jeden durch Ihre Arbeiter an unserem Eigentum oder an Privateigentum verursachten Schaden, sofern uns kein Verschulden trifft.

Der Gerichtsstand ist für beide Teile ....

Wir sehen Ihrer Gegenbestätigung innerhalb .... Tagen entgegen und zeichnen

....

Bau-Vertrag

für die Vergabe von Hoch- und Niederspannungsnetzen nebst Transformatorenstationen und Hausanschlüssen.

Zwischen der Überlandzentrale ...., nachfolgend „Gesellschaft“ genannt, und der Firma ...., nachfolgend „Unternehmer“ genannt, ist heute folgender Vertrag abgeschlossen:

Der von dem Unternehmer eingereichte Kostenanschlag vom ...., die Einheitspreise A und B und die Preislisten .... sind dem Vertrag angeheftet und bilden einen integrierenden Bestandteil dieses Vertrages.

§ 1.

Gegenstand der Lieferungen und Arbeiten.

Der Unternehmer erhält von der Gesellschaft den Auftrag auf

a) die betriebsfertige Herstellung einer vollständigen Hochspannungs fernleitung einschl. der Transformatorenstationen nebst Transformatoren und Ortsleitungsnetzen.

b) die betriebsfertige Herstellung von Hausanschlüssen im Anschluß an die Überlandzentralen.

§ 2.

Umfang der Lieferungen und Arbeiten.

a) Der Umfang der Leitungsüberlandzentrale ist grundsätzlich festgelegt durch den von dem Unternehmer eingereichten Kostenanschlag vom .... sowie Zeichnung ....

Eingeschlossen sind alle notwendigen Hilfsarbeiten, die Erd-, Maurer- und Zimmerarbeiten; auch diejenigen Handwerkerarbeiten, welche im Kostenanschlage mangels genauer Kenntnis der örtlichen Verhältnisse garnicht berücksichtigt oder ausgeschlossen worden sind, wie z. B. Pflasterarbeiten, Ausästen von Bäumen, Sprengungen und Beseitigung von Grundwasser, müssen, soweit sie zur betriebsfertigen Herstellung der Anlage gehören, von dem Unternehmer für die Gesellschaft ausgeführt werden. (siehe § 3 a).

Die Reihenfolge des Ausbaues der Hochspannungsstrecken, Transformatorenstationen und Ortsnetze bestimmt die Gesellschaft. Sie behält sich ausdrücklich vor, den Ausbau derjenigen Strecken und Transformatorenstationen, für die eine Wirtschaftlichkeit noch nicht gesichert erscheint, zu unterlassen.

b) Die Anzahl der dem Unternehmer übertragenen Hausanschlüsse wird bestimmt durch die bis zum .... eingegangenen Anmeldungen und Bestellungen im Anschluß an die Überlandzentrale.

c) Abweichungen von dem Kostenanschlag, sowohl Mehr- als auch Minderlieferungen, muß der Unternehmer unter Einschluß aller Hilfsarbeiten wie zu a anerkennen.

Mehrlieferungen und Abweichungen vom Kostenanschlag, letztere sofern sie Mehrkosten verursachen, werden dem Unternehmer nur dann vergütet, wenn darüber vor Beginn dieser Mehrleistung eine ausführliche schriftliche Kostenaufstellung angefertigt ist, die den höchstmöglichen Mehrbetrag enthält, und wenn dabei gleichzeitig der Nachweis über die Erhöhung der Kosten des Gesamtobjektes erbracht ist, und zu den Mehrleistungen ein schriftlicher Auftrag von der Gesellschaft erteilt worden ist.

Die Gesellschaft behält sich jedoch vor, Erweiterungen gegenüber dem Umfang des Kostenanschlages, d. h. weitere Fernleitungsstrecken und Ortsleitungsnetze mit Transformatorenstationen, anderweitig zu vergeben.

§ 3.

Preise.

a) Für die Abrechnung der im § 2a festgelegten Anlage gelten die Einheitspreise der Aufstellung A netto und für Transformatoren die Preise der Preisliste des Unternehmers .... vom .... mit einem Rabatt von ....., wobei Fracht, Verpackung, Anfuhr und Aufstellung einschl. Hilfsarbeiten eingeschlossen sind.

Alle im Kostenanschlage bzw. den Einheitspreisen ausgeschlossenen oder nicht näher bezeichneten Handwerkerarbeiten bzw. deren Zulieferungen sowie die Transformatorenstationen werden nach einzureichenden Rechnungen bezahlt. (§ 5 a.)

b) Für die Hausanschlüsse (§ 2b) gelten die Einheitspreise der Aufstellung B netto.

c) Für Aufträge auf Mehrlieferungen gegenüber dem Umfang des Kostenanschlages ist der Unternehmer an die Einheitspreise der Aufstellungen A und B und die unter § 3a festgelegten Rabatte der Preisliste .... gebunden.

Bei Mehrlieferungen von blankem Kupfer über .... kg wird der jeweilige Kupferstand am Tage der Bestellung zugrunde gelegt.

§ 4.

Zahlungsbedingungen.

a) Von der zunächst auf .... M geschätzten Bausumme finden die Zahlungen in folgender Weise statt: ....
....

...... % der Bausumme werden mit .... % Verzinsung vom Tage der Abnahme an gerechnet bis zum Ablauf der Garantiefrist einbehalten.

b) Die Hausanschlüsse werden bezahlt nach ihrer definitiven Abnahme durch die Gesellschaft, spätestens innerhalb ..... Monate nach Abnahme der betreffenden Hausanlage.

c) Minderlieferungen werden von dem letzten Viertel der Zahlungen in Abzug gebracht, jedoch müssen unbedingt ..... % des Rechnungsbetrages bis zum Ende der Garantiefrist zurückbehalten werden.

Für Mehrlieferungen, durch welche das Anlagekapital von .... M überschritten wird, finden die unter a und b dieses Paragraphen festgesetzten Zahlungsbedingungen und Sicherstellungen sinngemäße Anwendung, sobald die Mehrlieferungen den Betrag von .... M jedesmal erreicht haben.

d) Alle vor den einzelnen Fälligkeitsterminen erfolgten früheren Zahlungen gelten bis zu den Fälligkeitsterminen der weiteren Raten als reine Guthaben der Gesellschaft und sind erst vom Tage der Fälligkeit der Rate an und nur bis zu deren Betragshöhe als Zahlungen auf die Anlage zu betrachten. Derartige Guthaben der Gesellschaft werden von dem Unternehmer mit ..... % vom Tage der Zahlung an bis zu den einzelnen Fälligkeitsterminen verzinst.

§ 5.

Abrechnung.

a) Die Leitungsüberlandzentrale wird nach Fertigstellung aufgemessen und nach den Einheitspreisen A mit dem abgeschlossenen Grundkupferstand (..... M per 100 kg Kupfer für massive, und ...... M per 100 kg Kupfer für verseilte Leitungen), soweit nicht Kupfer über .... kg in Betracht kommt, sowie nach den Preisen der Preisliste .... mit dem unter § 3 a festgelegten Rabatt berechnet. Die Gesellschaft ist verpflichtet, zu den Aufmessungen, welche seitens des Unternehmers nach Fertigstellung der betreffenden Teile bzw. der ganzen Anlage unentgeltlich erfolgen, einen bevollmächtigten Vertreter zu stellen.

Für die im Kostenanschlag bzw. in den Einheitspreisen ausgeschlossenen oder nicht näher bezeichneten Handwerkerarbeiten oder deren Zulieferungen sowie für die Transformatorenhäuser hat der Unternehmer vor Auftragserteilung von geeigneten Handwerkern, deren Wahl der Gesellschaft vorbehalten bleibt, Kostenanschläge einzuholen und diese (mindestens 2) zur schriftlichen Genehmigung der Gesellschaft vorzulegen. Die Abrechnung dieser Zulieferungen erfolgt alsdann nach den von der Gesellschaft bewilligten Preisen mit einem

Zuschlag von .... % für die Bauleitung und das Risiko sowie als Nutzen für den Unternehmer.

b) Die Verrechnungen der Hausanschlüsse erfolgen nach den geleisteten Lieferungen und Arbeiten (§ 3 b).

c) Mehr- und Minderlieferungen sowie Abweichungen vom Vertragskostenanschlag werden nach Aufmaß zu den Einheitspreisen A bzw. den Preisen der Preisliste mit dem unter § 3 a festgelegten Rabatt verrechnet. Für die in den Einheitspreisen A ausgeschlossenen Handwerkerarbeiten oder deren Zulieferungen sowie für die Transformatorenhäuser gelten die Bestimmungen unter § 5 a.

Telegraphen- und Telephonschutz, welcher zu Lasten der Post geht, sowie Schutzvorkehrungen, die zu Lasten anderer Dritter auszuführen sind, müssen von dem Unternehmer mit dem zur Zahlung Verpflichteten direkt verrechnet werden.

§ 6.

Lieferzeit.

1. Die Fernleitungsanlagen sowie die Ortsleitungsnetze nebst Transformatorenstationen für .... Ortschaften müssen am .... in betriebsfertigem Zustand der Gesellschaft übergeben werden.

2. Die Fernleitungsanlagen sowie die Ortsleitungsnetze nebst Transformatorenstationen für weitere .... Ortschaften müssen am .... in betriebsfertigem Zustand der Gesellschaft übergeben werden.

3. Die in Auftrag gegebenen Hausanschlüsse müssen 8 Wochen nach Auftragserteilung in betriebsfertigem Zustand der Gesellschaft übergeben werden. Für solche Hausanschlüsse, die früher als 8 Wochen vor den in Absatz 1 bis 2 dieses Paragraphen angegebenen Fertigstellungsterminen in Auftrag gegeben sind, gelten sinngemäß diese Termine.

4. Fertigstellungs- und Liefertermine für Mehrlieferungen gegenüber dem unter Absatz 1—3 dieses Paragraphen festgelegten Umfang werden bei Auftragserteilung besonders vereinbart.

5. Der Unternehmer ist verpflichtet, spätestens .... Monate vor der Fertigstellungsfrist für jedes Ortsnetz ausführliche Entwürfe und Wirtschaftlichkeitsberechnungen auf Grund bindender Anmeldungen für den Ausbau der Direktion der Gesellschaft einzureichen. Die Ortsnetzentwürfe sind in dreifacher Ausfertigung zu liefern.

Gleichgültig für die Einhaltung aller Termine ist der Umstand, ob schon Strom abgegeben werden kann oder nicht.

Eintretende Schwierigkeiten bei Einholung der Konzessionen oder in anderen Fällen, durch welche eine Verzögerung in der Fertigstellung der Arbeiten ohne Verschulden des Unternehmers herbeigeführt wird, muß der Unternehmer der Gesellschaft nachweisen; es wird in solchen Fällen der Fertigstellungstermin für den Teil der Anlage, welcher nicht ausgeführt werden kann, um die Zeit der Verzögerung verlängert.

Streiks, Aussperrungen, Frost oder andere Fälle höherer Gewalt, deren nachteilige Folgen in bezug auf die Fertigstellung nachgewiesen werden, verlängern ebenfalls die vereinbarten Termine um die Zeit ihrer Dauer zuzüglich 14 Tage.

§ 7.
Konventionalstrafen.

Als Konventionalstrafe bei Nichteinhaltung der im § 6 festgesetzten Fertigstellungstermine (Ausnahmen siehe § 6) hat die Gesellschaft das Recht, dem Unternehmer ..... % der Bausumme des nicht betriebsfertigen Teils der Anlage, d. h. des Teiles, der nicht rechtzeitig unter Strom gesetzt werden konnte, bzw. ...... % der Kosten für die nicht rechtzeitig fertiggestellten Hausanschlüsse, und zwar pro vollendete Woche, in Abzug zu bringen.

Alle anderweitigen Ansprüche der Gesellschaft gegen den Unternehmer sind ausgeschlossen, jedoch ist die Gesellschaft berechtigt, die noch fehlenden Arbeiten durch eine andere gleichwertige Firma auf Kosten des Unternehmers fertigstellen zu lassen, nachdem dem Unternehmer eine Nachfrist von 14 Tagen schriftlich vergeblich gestellt ist.

§ 8.
Garantie.

Die gesamte Anlage muß von dem Unternehmer nach den Anforderungen der modernen Technik und insbesondere den Vorschriften des Verbandes deutscher Elektrotechniker sowie der Feuerversicherungsgesellschaften entsprechend ausgeführt werden.

Die Wirkungsgrade sowie Leistungen der Transformatoren und sonstigen Apparate müssen den nachstehend aufgeführten Garantien entsprechen.

Der Unternehmer übernimmt eine .....jährige Garantie für die Güte, Leistung und Haltbarkeit der Gesamtanlage einschl. Transformatoren und Hausanschlüsse sowie aller Einzellieferungen, auch für die Lieferungen und Leistungen der Zulieferanten, und zwar vom Tage der Abnahme durch die Gesellschaft an gerechnet.

Der Unternehmer verpflichtet sich ferner, von dem Zulieferanten der Holzmasten noch nachfolgende Garantie auf die Dauer von ...... Jahren zu erwirken:

Für alle Holzmasten, die in dieser Zeit infolge schlechter Beschaffenheit des Holzes oder mangelhafter Ausführung der Imprägnierung ersatzbedürftig werden, hat der Lieferant auf Verlangen der

Gesellschaft unverzüglich und auf seine Kosten vollwertige, den Garantiebedingungen entsprechende Ersatzmasten frei nächster Bahnstation zu liefern. Es soll jedoch für den auszuwechselnden Mast eine Gutschrift erfolgen für Abschreibung, und zwar in Höhe von ...... % für jedes volle Betriebsjahr.

Für Transformatoren übernimmt der Unternehmer folgende Garantien:

Leistungen ....
Leerlaufsverlust in Watt ....
Wirkungsgrad in % der Vollast ....
Spannungsabfall in % bei Vollast:
für $\cos\varphi = 1$ ....
,, $\cos\varphi = 0{,}8$ ....
Die Toleranzen für die Garantie betragen ....

Jeder Transformator erhält hochspannungsseitig .... besondere Abzweigungen für eine um .... % und eine um ...... % niedrigere Hochspannung.

Die Transformatoren lassen sich auf die Dauer von ..... Stunden um .... % überlasten, falls eine ......stündige Belastungsperiode mit höchstens ..... % Vollast vorausging. Die Temperaturzunahme gemäß § 18 der Verbandsnormalien darf hierbei 55^0 C nicht übersteigen.

Bei Messung der Summe der Leerlaufsverluste sämtlicher angeschlossener Transformatoren ist eine Überschreitung der oben angegebenen Leerlaufsverlust-Werte um ... % nicht statthaft.

Für die Hochspannungsisolatoren sind folgende Garantiewerte einzuhalten:

Durchschlagsspannung im Wasserbad .... Volt
,, unter Öl .... ,,
Überschlagsspannung trocken .... ,,
,, bei 5 mm Regen .... ,,

Der Stromverlust darf pro Isolator im Mittel, für jede beliebige Anzahl gemessen:

bei normaler Witterung ....Watt
bei Regen .... ,,
alleräußerst bei stärkstem Gewitterregen...... ...... ,,

nicht übersteigen.

Für sämtliche Fabrikate hat der Unternehmer auf Wunsch der Gesellschaft in den betreffenden Fabriken den Nachweis für die sämtlichen Garantiewerte zu erbringen und dazu alle erforderlichen Meßgeräte und Strom- bzw. Spannungserzeugungs-Einrichtungen kostenlos zur Verfügung zu stellen, von der Fertigstellung rechtzeitig zur Anberaumung einer Prüfung Nachricht zu geben sowie dem etwa von der Gesellschaft entsandten Beauftragten die Richtigkeit der benutzten Schaltungen und Einrichtungen nachzuweisen.

Der Gesellschaft steht es ferner frei, sich von der Einhaltung der Garantiewerte an irgendeinem andern Ort durch geeignete Maßnahmen zu überzeugen.

Alle nicht dem Vertrag entsprechenden, beanstandeten Lieferungen und Leistungen des Unternehmers müssen unter Ausschluß anderer Ansprüche gegen denselben unverzüglich von dem Unternehmer kostenlos geändert bzw. ersetzt werden. Geschieht dies nicht innerhalb einer von der Gesellschaft zu stellenden Nachfrist von ..... Tagen, so ist die Gesellschaft berechtigt, die noch fehlenden Arbeiten durch eine andere Firma auf Kosten des Unternehmers fertigstellen zu lassen.

§ 9.

Bauleitung.

Der Unternehmer hat für die Zeit des gesamten Baues der Anlage mindestens einen bevollmächtigten Ingenieur als Bauleiter zu bestellen, der vom .... bis zur endgültigen Abnahme der Anlage seinen Wohnsitz in .... zu nehmen und dort, soweit die Lieferung des Unternehmers in Frage kommt, den Verfügungen des Vorstandes oder des Direktors der Gesellschaft zu entsprechen hat. Alle 14 Tage ist von diesem Montageleiter bzw. dem Unternehmer ein eingehender Bericht über den Stand der Arbeiten und die Dispositionen der nächsten 14 Tage an den Vorstand der Gesellschaft einzureichen.

§ 10.

Konzessionen.

Der Unternehmer übernimmt kostenlos die Einholung aller für den Bau erforderlichen Konzessionen und Genehmigungen und die Anfertigung der hierzu und auch sonst für die Gesellschaft selbst benötigten Pläne, Zeichnungen usw.

Abfindungen für Konzessionen, durchaus unvermeidliche Flurschäden sowie Entschädigungen für Grunderwerb, Mastenplätze und andere derartige Aufwendungen gehen nur nach vorhergegangener Verständigung mit der Gesellschaft zu Lasten der Gesellschaft.

Die Gesellschaft unterstützt bei Einholung der Genehmigungen den Unternehmer.

§ 11.

Haftung.

Der Unternehmer haftet bis zum Tage der Abnahme der Anlage für alle Schäden, welche durch die von ihm übernommenen Arbeiten und Lieferungen oder infolge derselben der Gesellschaft direkt oder durch Anspruch Dritter erwachsen sollten, es sei denn, daß den Unternehmer oder seine Beauftragten kein Verschulden trifft, insbesondere gilt dies für die gesetzlichen Folgen unterlassener oder nicht gehörig bewirkter Versicherungen der bei diesen Arbeiten und Lieferungen beschäftigten Personen gegen Krankheit und Unfall.

Ferner haftet der Unternehmer für die Folgen der Ansprüche, die gegen die Gesellschaft wegen etwaiger Patentverletzungen erhoben werden sollten.

Die Feuerversicherung der Anlage und ihrer Bestandteile obliegt dem Unternehmer bis zur Abnahme der Anlage.

§ 12.

Aufsichtsrecht.

Der Gesellschaft steht das Recht zu, die sämtlichen Bestandteile und die dabei zu verwendenden Materialien in den Fabriken und Werkstätten des Unternehmers vor und nach der Fertigstellung sowie bei oder nach der Montage prüfen zu lassen. Der Unternehmer verpflichtet sich, den Beauftragten der Gesellschaft alle für diese Prüfung erwünschten Aufklärungen zu erteilen und zu verschaffen.

§ 13.

Abnahme.

Nach betriebsfertiger Vollendung der gesamten Anlage findet das Aufmaß, die Abnahme und Prüfung der Anlage statt.

Zunächst hat der Unternehmer innerhalb drei Wochen folgende Messungen, soweit dies nicht schon vor Inbetriebsetzung erfolgt ist, auszuführen:

1. Prüfung der Fernleitungen und Ortsleitungen auf Isolationswiderstand.

2. Messung der Leerlaufsenergie im Netz bei Einschaltung aller Transformatoren ohne Belastung.

Die für diese Messungen erforderlichen Apparate sind von dem Unternehmer kostenlos zur Verfügung zu stellen.

Die Abnahmeprüfung erstreckt sich neben vorbezeichneten Messungen auch noch auf eine örtliche Besichtigung und Prüfung der gesamten Lieferungen und Leistungen.

Nachdem etwaige Beanstandungen durch den Sachverständigen der Gesellschaft von dem Unternehmer beseitigt und eine Übereinstimmung des Aufmaßes mit den Rechnungsunterlagen des Unternehmers herbeigeführt ist, ist die Überlandzentrale in dem geprüften Umfang abgenommen. Die Beanstandungen in der Anlage sind dem Unternehmer innerhalb .... Wochen nach betriebsfertiger Übergabe der Anlage mitzuteilen. Wird von dem Unternehmer die Beseitigung dieser Beanstandungen nicht innerhalb einer von der Gesellschaft zu stellenden Nachfrist ausgeführt, so ist die Gesellschaft berechtigt, die noch fehlenden Arbeiten durch eine andere Firma auf Kosten des Unternehmers fertigstellen zu lassen.

§ 14.
Aufhebung des Vertrages.

Der Unternehmer ist verpflichtet, binnen 4 Wochen nach Vertragsabschluß der Gesellschaft den Nachweis zu erbringen, daß er seine Bestellungen an die ausführenden Werkstätten und an die Zulieferanten bewirkt hat. Andernfalls ist die Gesellschaft berechtigt, ohne daß dem Unternehmer irgendwelche Ansprüche hieraus erwachsen, von dem Vertrage zurückzutreten.

§ 15.
Schiedsgericht.

Alle zwischen den Parteien aus diesem Vertrage entstehenden Streitigkeiten werden durch ein Schiedsgericht entschieden, dessen Schiedsspruch sich beide Teile unter Ausschluß des Rechtsweges unterwerfen. Jede Partei ernennt zu diesem Schiedsgericht einen Schiedsrichter. Ernennt eine Partei nach schriftlicher Aufforderung durch die andere nicht binnen einer Frist von zwei Wochen einen Schiedsrichter, so geht das Ernennungsrecht auf die andere Partei über.

Die beiden Schiedsrichter haben vor Eintritt in die Verhandlungen einen Obmann zu wählen. Können sie sich über die Person des Obmannes nicht binnen .... Wochen, gerechnet vom Tage der Ernennung des zweiten Schiedsrichters ab, einigen, so wird derselbe auf gemeinsamen Antrag der beiden Schiedsrichter durch den Regierungspräsidenten zu .... ernannt.

Der Sitz des Schiedsgerichtes ist ....

Auf das schiedsgerichtliche Verfahren finden im übrigen die Bestimmungen der §§ 1025/1048 Z. P. O. Anwendung.

Die Kosten des Schiedsgerichtes trägt der unterliegende Teil.

Falls das Schiedsgericht nicht innerhalb eines halben Jahres nach Berufung eine endgültige Entscheidung fällt, können die ordentlichen Gerichte angerufen werden. Gerichtsstand ist ....

Entstehende Meinungsverschiedenheiten oder Streitigkeiten entbinden nicht von der Verpflichtung zur Erfüllung sämtlicher einzelnen Punkte vorstehenden Vertrages.

§ 16.

Erfüllungsort.

Erfüllungsort für beide Parteien ist ....

§ 17.

Alle Erklärungen, welche einen oder beide Kontrahenten binden sollen, insbesondere also die Ergänzung oder Abänderung des vorstehenden Vertrages bedürfen der schriftlichen Form.

§ 18.

Stempel.

Die Stempel und Kosten dieses Vertrages trägt der Unternehmer.

.... den ....19..	.... den .... 19..
Die Gesellschaft.	Der Unternehmer.

Einheitspreisaufstellung A

über Lieferungen und Leistungen für den Bau der Hoch- und Niederspannungsleitungen nebst Transformatorenstationen für die Überlandzentrale ....

Diese Einheitspreise verstehen sich einschl. Fracht und Verpackung frei Baustelle, Montage mit sämtlichen Hilfs-, Erd-, Maurer- und Handwerkerarbeiten sowie Bauleitung, Abstecken der Leitungen und Ausarbeitung aller Pläne sowie Einholung der erforderlichen Konzessionen. Ausgeschlossen sind lediglich Betonierungen und Sprengungen, Ausästen von Bäumen sowie Wasserbeseitigung und Wiederherstellung der Straßenoberfläche bei gepflasterten Straßen, soweit nicht anders vermerkt.

I. Hochspannungsleitungen.

1. 1 km Hochspannungsfernleitung, d. h. komplette Lieferung, Aufstellung und Montage von .... Holzmasten mit kegelförmigem Kopf, nach einem von der Reichspost zugelassenen Verfahren imprägniert, am Kopfende geteert, ... m lang, nicht unter 18 cm Zopf, mit je 3 Hochspannungsisolatoren für eine Gebrauchsspannung von .... Volt, gemäß Zeichnung Nr. ..... fertig mon-

tiert, sowie Verlegung von 3 Kupferleitungen von je ..... qmm Querschnitt, jedoch ausschl. der reinen Kupfermenge .... M

1 km Kupfermenge hierzu, ... qmm, massiv (oder verseilt), einschl. Durchhang und Verschnitt, Gewicht ca. .... kg .... M

2. 1 km Leitungsbau wie vor, ... qmm Querschnitt . .... M

1 km Kupfermenge hierzu, ... qmm, massiv (oder verseilt), Gewicht ca. ..... kg .... M

3. usw. wie vor, jedoch für andere Leitungsquerschnitte.

II. Niederspannungsleitungen.

a) Dreifach-Leitungsstrecken.

4. 1 km Niederspannungsleitung, d. h. komplette Lieferung, Aufstellung und Montage von .... Stück Holzmasten mit kegelförmigem Kopf, nach einem von der Reichspost zugelassenen Verfahren imprägniert, am Kopfende geteert, ... m lang, ... cm Zopf, und ...... Stück Holzmasten, ... m lang, ... cm Zopf, mit je 3 Porzellanisolatoren Modell ...., nebst Eisenstütze fertig montiert, sowie Verlegung von 3 Kupferleitungen von je ...... qmm Querschnitt, jedoch ausschließlich der reinen Kupfermenge .... M

1 km Kupfermenge hierzu, massiv (oder verseilt), einschl. Durchhang und Verschnitt, Gewicht = ca. .... kg .... M

Mehrpreis für Isolation der Leitungen nach Postvorschrift einschl. Mehrmontage pro Meter Strecke .... M

5. 1 km Leitungsbau wie vor, ... qmm Querschnitt . .... M

1 km Kupfermenge hierzu, massiv (oder verseilt), Gewicht = ca ...... kg .... M

Mehrpreis für Isolation pro Meter Strecke .... M

6. usw., wie vor, jedoch für andere Leitungsquerschnitte.

b) Zweifach-Leitungsstrecken.

7. 1 km Niederspannungsleitung, d. h. komplette Lieferung, Aufstellung und Montage von ..... Holzmasten mit kegelförmigem Kopf, nach einem von der Reichspost zugelassenen Verfahren imprägniert, am Kopfende geteert, ... m lang und ..... cm Zopf, mit je 2 Porzellanisolatoren Modell ...., nebst Eisenstütze fertig montiert, sowie Verlegung von 2 Kupferleitungen von je .... qmm Kupferquerschnitt, jedoch ausschließlich der reinen Kupfermenge .... M

1 km Kupfermenge hierzu, massiv (oder verseilt), einschließlich Durchhang und Verschnitt, Gewicht = ca. .... kg .... M

Mehrpreis für Isolation der Leitungen nach Postvorschrift einschl. Mehrmontage pro Meter Strecke .... M

8. usw. wie vor, jedoch für andere Leitungsquerschnitte.

c) Einfachleitungen an vorhandenen Trägern.

9. 1 km Niederspannungsleitung, d. h. komplette Verlegung eines Kupferdrahtes von ...... qmm Querschnitt an vorhandenen Holzmasten bzw. Gestängen einschl. Lieferung und Anbringung von ...... Porzellanisolatoren Modell .... nebst Eisenstütze, jedoch ausschl. der reinen Kupfermenge .... M

1 km Kupfermenge hierzu, massiv (oder verseilt), einschließlich Durchhang und Verschnitt, Gewicht = ca. ...... kg .... M

Mehrpreis für Isolation der Leitung nach Postvorschrift einschl. Mehrmontage pro Meter Strecke .... M

10. 1 km Leitungsbau wie vor, von ..... qmm Querschnitt .... M

1 km Kupfermenge hierzu, massiv (oder verseilt), Gewicht ca. .... kg .... M

Mehrpreis für Isolation pro Meter Strecke .... M

11. usw. wie vor, jedoch für andere Leitungsquerschnitte.

III. Holzmaste.

Die nachstehend aufgeführten Holzmaste müssen nach einem von der Reichspost zugelassenen Verfahren imprägniert, mit kegelförmigem Kopf versehen und am Kopfende geteert sein.

a) Maste ohne Isolatoren.

1. Einfache Holzmaste.

12. 1 Holzmast, ... m lang, ... cm Zopf, fertig aufgestellt .... M

13. usw. wie vor mit anderen Dimensionen.

2. Doppelholzmaste.

14. 1 Doppelholzmast, bestehend aus 2 zusammen verschraubten Holzmasten, à ..... m lang, ... cm Zopf, fertig aufgestellt .... M

15. usw. wie vor mit anderen Dimensionen.

b) Maste mit Isolatoren.

1. für Hochspannung.

16. 1 Holzmast, ... m lang, nicht unter 18 cm Zopf, fertig aufgestellt, einschl. Lieferung und Anbringung von 3 Hochspannungsisolatoren für eine Gebrauchsspannung von .... Volt, mit Eisenstütze, nach Zeichnung ... . M
17. usw. wie vor mit anderen Dimensionen.

2. für Niederspannung.

18. 1 Holzmast, ... m lang, ... cm Zopf, fertig aufgestellt, einschl. Lieferung und Anbringung von 3 Niederspannungsisolatoren Modell .... M
19. usw. wie vor mit anderen Dimensionen.

IV. Verstrebungen und Verankerungen.

20. 1 komplette Verstrebung, nicht unter ... cm Zopf und ..... m lang, fertig aufgestellt und montiert .... M
21. 1 komplette Drahtverankerung gemäß Zeichnung ..... einschl. Abspannisolatoren und Spannschloß, fertig montiert .... M
22. 1 dto. ohne Isolator und Spannschloß, 2 m lang, fertig montiert .... M
23. Je 1 m Mehr- oder Minderlänge von vorstehendem Anker .... M

V. Isolatoren, Schutznetze, Eisenkonstruktionen und Zubehör.

24. 1 Hochspannungsisolator für eine Gebrauchsspannung von .... Volt, mit Eisenstütze, Zeichnung ...., fertig an einem Mast bzw. einer Eisenkonstruktion montiert .... M
25. Mehrpreis für eine Doppelaufhängung gegenüber einer normalen, bestehend aus einem Kopfhochspannungsisolator, 2,5 m Kupferseil von 25 qmm Querschnitt, 2 Verbindern, einschl. Montage, pro Aufhängung .... M
26. 1 Porzellanisolator Modell ...... mit Eisenstütze, fertig an einem Holzmast bzw. Gestänge montiert .... M
27. 1 Leitungstrennungsisolator mit Eisenstütze, fertig an einem Mast bzw. Gestänge montiert .... M
28. 1 m vorschriftsmäßiges Telephonschutznetz, fertig montiert, einschl. der erforderlichen Eisenkonstruktionen und Erdung .... M
29. 1 m einseitiges Schutznetz, fertig montiert, einschl. der erforderlichen Eisenkonstruktionen und Erdung .... M
30. 1 m oberes Schutznetz, sonst wie vor .... M

31. 1 kompl. ebene vorschriftsmäßige Eisenbahnüberführung, bestehend aus zwei Gittermasten von je ca. .... kg Zugbeanspruchung mit Traversen und Betonsockel, einschl. 2 × 3 Hochspannungsisolatoren für .... Volt Gebrauchsspannung und doppelter Aufhängung, sowie kastenförmigem Drahtschutznetz, ausreichend für eine zweigleisige Bahnlinie, ausschl. der reinen Kupfermenge . . .... M

32. Sämtliche Eisenkonstruktionen, wie Traversen, Fangbügel und Wandgestänge, Konsols usw., einschl. eines zweimaligen Anstriches werden nach Eisengewicht verrechnet pro kg . . . . M
Der Gewichtsnachweis ist von dem Unternehmer zu erbringen.

33. Warnungstafel mit Pfeil oder Aufschrift, an einem Mast angebracht . . . . M

VI. Hochspannungsausschalter.

34. 1 dreipoliger Hochspannungsmastausschalter mit Gerüst, mit Zugstange, Handgriff und Führungshebel, einschl. Erdung, ausschl. Mast, nach Zeichnung .... M

VII. Transformatorenhaus-Inneneinrichtung.

35. 1 komplette Inneneinrichtung der Transformatorenstationen für .... Drehstrom-Öltransformatoren bis zu einer Leistung von zusammen .... KVA bei einer Hochspannung von .... Volt und Niederspannung von .... Volt mit Nulleiter, einschl. sämtlicher Eisengerüste, Sammelschienen und Verbindungsleitungen sowie Beleuchtung, Hochspannungs- und Niederspannungseinführungen, Schutzgitter und sonstiger Schutzmaßregeln gegen Berührung der Hochspannungsleitungen mit folgenden Apparaten und Instrumenten: ....
.... M

VIII. Straßenbeleuchtung.

36. 1 km Niederspannungsleitung für Straßenbeleuchtung bei Verlegung von 2 Kupferleitungen von je ..... qmm Querschnitt an vorhandenen Holzmasten bzw. Gestängen, einschl. Lieferung und Anbringung von .... Isolatoren Modell ..... mit Eisenstützen, ausschl. der reinen Kupfermenge . . . . M
1 km Kupfermenge hierzu, massiv (oder verseilt), Gewicht = ca. ..... kg .... M

Mehrpreis für Isolation der Leitungen nach Postvorschrift einschl. Mehrmontage pro Meter Strecke . . . . M

37. usw. wie vor, jedoch mit anderen Leitungsquerschnitten.

38. 1 Straßenlampe, d. h. komplette Lieferung und Anbringung eines schmiedeeisernen Wandarmes, Zeichnung ...., mit isoliertem Fuß für Befestigung an Holzmasten mit .... cm Ausladung, mit wasserdichter Armatur, Größe für Osramlampen .... NK und Emaillereflektor einschließlich Steigrohr 1/2″ von 3 m mittlerer Länge, eine Steigrohrzwillingseinführung, 2 Nasenisolatoren mit Stützen, 2 Freileitungssicherungen nebst Anschlußleitung, bestehend aus Gummiaderleitung 1,5 qmm Querschnitt, fertig montiert für Zentralschaltung . . . . M

Einheitspreise B

über die Ausführung von Hausanschlüssen für die Überlandzentrale

....

Für die Berechnung der Hausanschlüsse gelten die nachstehenden Formeln, welche den Preis einer Leitung, frei gemessen von Isolator zu Isolator, einschließlich zwei Isolatoren Modell .... für 6 qmm und 10 qmm Leitung, und Modell .... für alle größeren Leitungsquerschnitte bei Verwendung von blanker bzw. isolierter Leitung, enthalten. Eingeschlossen ist alles Löt-, Isolier- und Befestigungsmaterial sowie die betriebsfertige Montage; ausgeschlossen ist die Hauseinführung, Hausanschlußsicherung und Leitung im Haus.

	1. Formel für blanke Leitungen Preis pro m in M	2. Formel für isolierte Leitungen (nach Postvorschrift) Preis pro m in M
bei 1 . 6 qmm	$= a_1 + b_1 . x;$	$a_1 + c_1 . x$
1 . 10 ,,	$= a_2 + b_2 . x;$	$a_2 + c_2 . x$
1 . 16 ,,	$= a_3 + b_3 . x;$	$a_3 + c_3 . x$
1 . 25 ,,	$= a_4 + b_4 . x;$	$a_4 + c_4 . x$
1 . 35 ,,	$= a_5 + b_5 . x;$	$a_5 + c_5 . x$

In diesen Formeln bedeuten die Werte a_1, a_2, a_3 usw. die Preise für Installation, Montage usw.; die Werte b_1, b_2, b_3 usw. die Preise pro Meter blanken Draht und die Werte c_1, c_2, c_3 usw. die entsprechenden Preise pro Meter isolierten Draht (nach Postvorschrift) in Mark, x bedeutet die verwendete Drahtlänge in Metern.

Nächst der Vergabe der Bauarbeiten bildet die Vergabe der Installationsarbeiten für die Gesellschaft einen wichtigen Gegenstand ihrer weiteren Tätigkeit.

Unter Installationsarbeiten werden die Lieferungen und Leistungen zusammengefaßt, welche auf Kosten der einzelnen Anschlußnehmer erfolgen und Eigentum derselben sind. Im allgemeinen gehören zu den Installationen alle Leitungsanlagen, Lampen, Motoren und sonstigen Apparate, welche in den Gebäuden und auf den Grundstücken der Konsumenten zur Verwendung kommen. Ausgeschlossen hiervon sind in der Regel die Hausanschlußleitungen, welche meist auf Kosten der Gesellschaft hergestellt werden, und zwar je nach Abfassung der Stromlieferungsbedingungen entweder von dem Leitungsnetz bis zur Grundstücksgrenze, bis zur Hauseinführungsstelle, bis zur Hausanschlußsicherung oder bis zum Elektrizitätszähler. Ferner erfolgt die Lieferung der Elektrizitätszähler fast ausschließlich mietweise durch die Gesellschaften. Obwohl nun die Installationen in sich abgeschlossene Anlagen darstellen und von den Anschlußnehmern auf eigene Kosten in Bestellung zu geben sind, so hat doch die Gesellschaft deshalb ein großes Interesse an der zweckmäßigen Vergabe dieser Arbeiten, weil sie nur dann in der Lage ist, ihren Konsumenten in einwandfreier Weise Strom zu liefern, wenn die Installationsanlagen betriebssicher ausgeführt und die angeschlossenen Apparate, Lampen und Motoren brauchbar und zuverlässig sind. Außerdem ist zu berücksichtigen, daß Betriebsstörungen, die in einer Anschlußanlage auftreten, leicht auf das Leitungsnetz der Gesellschaft übergreifen und auf diese Weise auch benachbarte Anlagen in Mitleidenschaft ziehen können. Es muß ferner darauf hingewiesen werden, daß mangelhaft ausgeführte elektrische Starkstromanlagen lebensgefährlich sind. Es liegt also auch im Interesse aller Anschlußnehmer, wenn die Gesellschaft dafür Sorge trägt, daß die Installationsarbeiten einwandsfrei ausgeführt werden, sodaß Betriebsstörungen nach Möglichkeit vorgebeugt wird.

Eine vorsichtige Vergabe der Installationsarbeiten ist für Überlandzentralen deshalb besonders wichtig und notwendig, weil einerseits die Landbevölkerung den elektrischen Anlagen noch fremd und unerfahren gegenübersteht, und andererseits die Beseitigung von Betriebsstörungen auf dem Lande wegen der großen Entfernungen von der Zentrale immer weitläufig und kostspielig ist.

Für die Vergabe der Installationsarbeiten haben sich drei verschiedene Methoden herausgebildet.

1. Die Gesellschaft übernimmt selbst die Ausführung aller Installationsarbeiten (Monopol).

2. Die Gesellschaft überträgt die Installationsarbeiten einer beschränkten Anzahl von Installateuren.

3. Die Gesellschaft überläßt die Installationsarbeiten der freien Konkurrenz.

Gerade in neuerer Zeit ist die Installationsfrage in der Öffentlichkeit eingehend ventiliert worden, und es haben sich auf Anregung der Installateure auch die Regierungen mit diesem Gegenstand beschäftigt. In einem preußischen Ministerialerlaß wird auf die Gefahren hingewiesen, welche der Existenz vieler tüchtiger Installationsfirmen durch Monopolisierung der Installationsarbeiten drohen, und es wird empfohlen, bei Gründung von Überlandzentralen das Installationsmonopol durch Aufstellung von Normalverträgen einzuschränken bzw. zu beseitigen.

Es liegt auf der Hand, welch ein großes Interesse die Installateure daran haben, daß ihnen das neue umfangreiche Arbeits- und Absatzgebiet, welches sich durch den Bau von Überlandzentralen ihrer Erwerbstätigkeit bietet, reserviert bleibt; andererseits darf aber nicht außer acht gelassen werden, daß bei der Ausführung von Überlandzentralen in erster Linie auf die Interessen der beteiligten Landbevölkerung Rücksicht genommen werden muß.

Bei der Beurteilung der Monopolfrage ist jedenfalls zu unterscheiden, ob die Überlandzentrale von einem Privatunternehmer bzw. einer Elektrizitätsfirma oder aber von einer Gesellschaft, welcher die Anschlußnehmer selbst angehören, gebaut wird.

Eine Gesellschaft, welche sich aus den Interessenten des Versorgungsgebietes zusammensetzt, kann durch Übernahme der Installationsarbeiten ihren Mitgliedern unter Umständen bedeutende Vorteile bieten, weil der Verdienst aus dem Installationsgeschäft in der Jahresbilanz der Gesamtheit aller Anschlußnehmer wieder zugute kommt. Falls die Gesellschaft aber überhaupt auf einen Gewinn aus den Installationsarbeiten verzichtet, so gestalten sich naturgemäß die Installationen entsprechend billiger.

Man kann hiernach sehr wohl im Zweifel darüber sein, ob das Installationsmonopol einer Gesellschaft vorbezeichneter Art als verwerflich zu bezeichnen ist. Die Monopole von Unternehmern und Elektrizitätsfirmen dagegen liegen meistens nicht im Interesse der beteiligten Konsumenten, da den letzteren aus solchen Monopolen erhebliche Vorteile gegenüber einem freien Wettbewerb nicht erwachsen.

Nun soll eingeräumt werden, daß auch eine Gesellschaft, welche von den Konsumenten gebildet wird, die Interessen der Mitglieder unter Verzichtleistung auf das Monopol dadurch in weitestem Maße wahren kann, daß sie Verträge mit den zugelassenen Installateuren abschließt, durch welche die Preisstellung und Ausführung der Anlagen genau vorgeschrieben wird.

In vielen Fällen hat die Verteilung der Installationsarbeiten nach Bezirken bei den beteiligten Installateuren großen Beifall gefunden, weil auf diese Weise die Kosten für Akquisition, Lagerhaltung und Überwachung erheblich vermindert werden können.

Es hat sich gezeigt, daß die Installationsfirmen durch derartige Unterstützung von seiten der Überlandzentrale in die Lage versetzt werden, die Preise für die Installationen erheblich zu ermäßigen und der Überlandzentrale noch einen Gewinnanteil von dem Verdienst zu gewähren.

Wenn hieraus auch gefolgert werden kann, daß im allgemeinen eine Notwendigkeit für die Monopolisierung der Installationsarbeiten nicht vorliegt, so bestehen doch andererseits erhebliche Bedenken gegen die uneingeschränkte Freigabe dieser Arbeiten an den allgemeinen Wettbewerb.

Es wurde schon ausgeführt, daß die Gesellschaft, welche eine Überlandzentrale baut, dafür zu sorgen hat, daß die Installationsanlagen betriebssicher ausgeführt werden. Dieser Umstand legt der Gesellschaft die Pflicht auf, die Installationsarbeiten gewissenhaft zu überwachen und zu kontrollieren. Wenn man nun bedenkt, daß bei dem Umfange, den heute die Überlandzentralen einnehmen, gleichzeitig in Hunderten von Ortschaften mit den Installationen begonnen wird, so muß zugegeben werden, daß eine ständige Kontrolle der Bauarbeiten gerade bei Überlandzentralen äußerst kostspielig und schwierig, ja fast unmöglich erscheint, wenn jede beliebige Firma berechtigt sein soll, Installationen auszuführen.

Es könnte der Einwand gemacht werden, daß diesen Schwierigkeiten durch Erlaß von strengen Installationsvorschriften und durch den Vorbehalt der Abnahme aller Anlagen begegnet werden kann. Demgegenüber ist aber zu berücksichtigen, daß sich nach Fertigstellung einer Anlage die Güte der verwandten Materialien, insbesondere der isolierten Drähte, kaum mehr ohne erhebliche Eingriffe in die Anlage feststellen läßt. Müssen aber wesentliche Teile einer Hausinstallation bei der Abnahme als unsachgemäß zurückgewiesen werden, so ist sicherlich dem beteiligten Besitzer infolge der dadurch entstehenden Unbequemlichkeiten am wenigsten gedient. Wenn deshalb das Monopol beseitigt werden soll, so bleibt als beste Gewähr für sachgemäße Ausführung der Installationen in Überlandzentralen zweifellos nur die beschränkte Zulassung von anerkannt tüchtigen, leistungsfähigen und gewissenhaften Installateuren. Die Aufsicht und Kontrolle der Arbeiten wird durch diese Art der Vergabe ganz erheblich vereinfacht, und es werden Differenzen bei der Abnahme der Anlagen fast gänzlich vermieden.

Wenn man übrigens hierbei das Interesse des Installationsgewerbes ins Auge faßt, so darf angenommen werden, daß die Ausschaltung aller minderwertigen Firmen und Personen bei der Vergabe der Arbeiten der Erhaltung und Entwicklung dieses Erwerbszweiges nur förderlich sein kann, und daß ferner die Bevorzugung der in dem Gebiet einer Überlandzentrale ansässigen Firmen durchaus im Interesse dieses Gewerbes liegt.

Hinsichtlich der Installationsmaterialien mag noch im Interesse der Konsumenten empfohlen werden, bei sonst freier Wahl aller Lieferungen zum wenigsten ein einheitliches Sicherungssystem und einige anerkannt gute Motortypen vorzuschreiben.

Der nachfolgende Entwurf eines Installationsvertrages beruht auf der Annahme, daß die Gesellschaft die Installationsarbeiten an eine beschränkte Zahl von Installateuren vergibt.

Die zu diesem Vertrag gehörige Installationspreisliste enthält eine Pauschalberechnung für Lichtanlagen und eine Einheitspreisberechnung für verlegte Motorleitungen usw.; die Montagekosten sind in die Preise einzuschließen, damit die meist unbeliebte Verrechnung derselben nach Stundenlohnzetteln für den Besteller der Anlagen fortfällt.

Der Installationspreisliste sind angefügt:

das Schema einer Preisliste für gebräuchliche Motoren nebst Zubehör,
Lieferungsbedingungen,
besondere Installationsvorschriften der Gesellschaft
sowie ein Muster für die Installationsrechnung.

Installationsvertrag.

Zwischen der Überlandzentrale .... in ...., nachfolgend „Gesellschaft" genannt, und der Firma ...., nachfolgend „Installateur" genannt, ist heute folgender Vertrag abgeschlossen worden.

§ 1.

Gegenstand des Vertrages.

Die Gesellschaft erteilt dem Installateur für die Zeit vom Tage des Vertragsabschlusses bis zum .... das Recht zur Ausführung von Hausinstallationen sowie zur Lieferung und Montage sämtlicher Stromverbrauchsapparate, wie insbesondere der Motoren nebst erforderlichem Zubehör für alle Anlagen, die im Laufe der Vertragsdauer zum Anschluß an die Überlandzentrale .... gelangen und von der Gesellschaft ausdrücklich schriftlich zugelassen werden. Ausgeschlossen sind Hausanschlüsse und Zähler. Eine Übertragung des Installationsrechtes auf eine andere Firma ist in keiner Weise zulässig.

Der Installateur ist verpflichtet, alle bis zum .... eingeholten zulässigen Aufträge diesem Vertrage gemäß auszuführen.

§ 2.

Verlängerung des Vertrages.

Dieser Vertrag gilt um .... verlängert, wenn nicht bis spätestens .... die Kündigung von einer der beiden Parteien erfolgt.

§ 3.

Kaution.

Der Installateur hinterlegt innerhalb 8 Tagen nach Vertragsabschluß bei der Gesellschaft als Sicherheit für die Erfüllung aller der Gesellschaft gegenüber eingegangenen Verpflichtungen auf die Dauer der eingegangenen Garantiezeit eine Kaution in Höhe von ...... M in bar bzw. in mündelsicheren Wertpapieren, die zum Kurswert, jedoch nicht über pari angenommen werden. Der Installateur erhält eine Verzinsung von 4 % bzw. die Zinsscheine. Die Gesellschaft kann von der Kaution ohne Anrufung der Gerichte Gebrauch machen.

§ 4.

Installationsbezirk.

Der Installateur darf nur in denjenigen Ortschaften akquirieren, welche ihm ausdrücklich von der Gesellschaft hierzu freigegeben sind Die bindenden Stromanmeldungen sind, sobald sie der Anschlußnehmer vollzogen hat, der Gesellschaft einzureichen. Mit der Ausführung von Installationen darf in einem Orte jedoch erst begonnen werden, wenn die Gesellschaft auf Grund der bindenden Anmeldungen die voraussichtliche Wirtschaftlichkeit des Ortsausbaus festgestellt und dem Installateur schriftlich die Erlaubnis zum Beginne der Arbeiten erteilt hat.

§ 5.

Materialien.

Für die Installationen dürfen nur erstklassige, verbandsvorschriftsmäßige Materialien zur Verwendung kommen, von welchen der Gesellschaft vor Beginn der Arbeiten Proben einzureichen sind.

Sicherungen und Motoren sind ausschließlich von den seitens der Gesellschaft bestimmten Lieferanten zu beziehen.

§ 6.

Preise.

Die Listenpreise der von der Gesellschaft zugelassenen Motorlieferanten abzüglich eines Rabattes von .... % sowie die Preise der diesem Vertrage angehefteten Installationspreisliste dürfen von dem Installateur nicht überschritten werden. Die Preise enthalten für den Installateur außer Montage, Fracht, Verpackung und Hilfsarbeiten auch die Kosten für Löt-, Isolier-, Befestigungs- und Kleinmaterial. Auftragsbestätigungen und Rechnungen, welche höhere Preise enthalten, als vorstehend vorgeschrieben, haben keine Giltigkeit.

§ 7.

Liefertermin.

Der Installateur ist verpflichtet, die ihm übertragenen Installationen spätestens ..... Monate nach Auftragserteilung fertig zu stellen, falls nicht mit den Konsumenten abweichende Vereinbarungen getroffen sind. Derartige Vereinbarungen sind in der Auftragsbestätigung besonders zu erwähnen.

§ 8.

Konventionalstrafe.

Die Gesellschaft kann bei verspäteter Fertigstellung von Anlagen dem Installateur als Konventionalstrafe .... % des Rechnungswertes der rückständigen Anlagen pro vollendete Woche der Terminüberschreitung in Abzug bringen.

§ 9.

Garantien.

Der Installateur verpflichtet sich, alle Anlagen tadellos und streng nach den neuesten Vorschriften des Verbandes deutscher Elektrotechniker sowie der Feuerversicherungsgesellschaften und nach den besonderen Installationsvorschriften der Gesellschaft auszuführen. Außerdem ist der Installateur verpflichtet, für die Leitungsverlegung den zulässig kürzesten Weg zu wählen.

Für die Güte, Leistung und Haltbarkeit jeder einzelnen Anlage übernimmt der Installateur gegenüber der Gesellschaft eine Garantie von ... Jahren, von dem Tage der Abnahme der Anlage an gerechnet, und verpflichtet sich, alle im Laufe dieser Zeit entstehenden Fehler und Mängel der Anlage, soweit dieselben nicht auf natürlichen Verschleiß oder unsachgemäße Behandlung zurückzuführen sind, schnellstens kostenlos zu beseitigen. Falls der Installateur der Aufforderung der Gesellschaft hierzu innerhalb .... Wochen nicht nachkommt, ist die Gesellschaft berechtigt, die Arbeiten auf seine Kosten anderweitig ausführen zu lassen.

§ 10.

Kostenanschläge.

Der Installateur ist verpflichtet, denjenigen Interessenten, welche die ernste Absicht haben, sich an das Elektrizitätswerk anzuschließen, kostenlos und ohne Verbindlichkeit einen Kostenanschlag über ihre Anlagen auszuarbeiten. Den Kostenanschlägen sind die Lieferungsbedingungen und Preisverzeichnisse der Gesellschaft beizufügen.

§ 11.

Auftragsbestätigung.

Der Installateur ist verpflichtet, die ihm erteilten Aufträge unverzüglich unter Nennung des Herrn, welcher den Auftrag entgegengenommen hat, in vollem Umfange zu bestätigen.

Die Gesellschaft erhält gleichzeitig Durchschlag oder Abschrift der Auftragsbestätigung sowie der event. diesem zugrunde liegenden Kostenanschläge.

Die Auftragsbestätigungen müssen enthalten: Zahl der Brennstellen bzw. der Motoren sowie deren Leistung, Tourenzahl usw., die Kostenberechnung der ganzen Anlage nach den Einheitspreisen, die vereinbarten Zahlungsbedingungen und etwaige besondere Abmachungen. Mit der Abschrift der Auftragsbestätigung ist der Gesellschaft zugleich eine vorschriftsmäßig ausgefüllte Stromanmeldung und eine zweifache Ausführungszeichnung für die Installation einzureichen.

§ 12.

Mehr- oder Minderlieferungen.

Mehr- oder Minderlieferungen müssen zu den abgeschlossenen Einheitspreisen der Hauptlieferungen erfolgen.

§ 13.

Hilfs- und Handwerkerarbeiten.

Der Installateur hat sämtliche Hilfs- und leichten Handwerkerarbeiten, wie Stemmen von Dübellöchern, Löcher für Konsolen sowie Mauer- und Deckendurchbrüche auszuführen. Diese Arbeiten sind in den Einheitspreisen der Installationspreisliste eingeschlossen.

§ 14.

Konzessionen.

Der Installateur übernimmt es, alle für die Installation der Anlagen etwa erforderlichen Konzessionen kostenlos einzuholen.

§ 15.

Haftung.

Der Installateur haftet bis zur Fertigstellung der einzelnen Anlagen für jeden Schaden, welcher durch die übernommenen Arbeiten und

Lieferungen oder infolge derselben den Besitzern der Anlagen oder der Gesellschaft direkt oder durch Anspruch Dritter erwachsen sollte.

§ 16.

Aufsichtsrecht.

Der Gesellschaft steht das Recht zu, die Installationsarbeiten des Installateurs jederzeit durch Beauftragte überwachen und kontrollieren zu lassen. Berechtigten Einwendungen und Beanstandungen hat der Installateur sofort abzuhelfen.

§ 17.

Pauschalberechnung.

Alle Lichtinstallationen werden nach den Pauschal-Einheitspreisen verrechnet. Die Einheitspreise für die komplette Installation einer Brennstelle werden berechnet von der Verteilungstafel an und zwar einschl. Montage und sämtlicher Unkosten sowie einschl. eines Ausschalters, bzw. einer Brennstelle mit Wandanschluß ohne Schalter ausschl. Beleuchtungskörper, jedoch einschl. Aufhängen derselben, unter der Voraussetzung, daß sich aus der Summe der einfachen Leitungswege von der Verteilungssicherung bis zu den Brennstellen (ausschl. der senkrechten Schalterleitungen) keine größere durchschnittliche Entfernung als 10 m pro Brennstelle ergibt. Unter Brennstelle ist eine Leitungsstelle zu verstehen, an welche ein Beleuchtungskörper mit beliebig viel Lampen angeschlossen werden kann. Die durchschnittliche Länge des Leitungsweges für eine Brennstelle ergibt sich durch Division der gesamten Länge der verlegten Leitungsstrecken von der Verteilungstafel an (ausschl. senkrechter Schalterleitungen) durch die Zahl der Brennstellen.

Ist die Durchschnittslänge pro Brennstelle größer als 10 m, so wird zunächst die Hof- und Freileitung bzw. ein Teil derselben als mehr verlegte Leitung angesehen. Nach Abzug der Hof- und Freileitungen wird die sich etwa noch ergebende durchschnittliche Mehrlänge pro Brennstelle, und zwar von der Brennstelle aus gemessen, verrechnet.

Die Berechnung der Mehrleitungen erfolgt nach den unter „Aufmaß“ angegebenen Einheitssätzen.

§ 18.

Aufmaß der Anlagen.

Falls nicht andere Vereinbarungen getroffen sind, müssen alle Motoranlagen sowie diejenigen Lichtanlagen, bei welchen die nur einmal gemessenen Leitungswege von der Verteilungstafel an bis zu den Brennstellen (ausschl. senkrechter Schalterleitungen) eine durchschnittliche Länge von mehr als 10 m haben behufs Rechnungslegung von dem Installateur aufgemessen werden. Der Installateur hat dem Besitzer der Anlage rechtzeitig von dem Tage des Aufmaßes Mitteilung zu machen, damit dieser den Messungen beiwohnen kann. Der Gesellschaft ist es immer gestattet, dem Aufmaß durch Beauftragte beizuwohnen oder dasselbe zu kontrollieren.

§ 19.

Abnahme der Anlagen.

Der Installateur ist verpflichtet, der Gesellschaft sogleich nach Fertigstellung einer Anlage einen Abnahmeantrag, eine genaue Installationszeichnung und ein Schaltungsschema (nach Verbandsvorschriften) in zweifacher Ausfertigung einzureichen.

Die Inbetriebsetzung einer Anlage darf im allgemeinen erst nach Abnahme derselben durch die Gesellschaft erfolgen; in besonderen Fällen aber kann die Gesellschaft die frühere Inbetriebsetzung genehmigen.

Der Installateur ist verpflichtet, zur Abnahme der Anlagen einen Beamten bzw. Monteur zur Verfügung zu stellen.

§ 20.

Prüfungsgebühr.

Stellt sich bei der ersten Prüfung einer Anlage heraus, daß sie den Vorschriften dieses Vertrages nicht entspricht, so kann die Gesellschaft für jede weitere erforderliche Prüfung eine Gebühr von .... M von dem Installateur erheben, ohne daß dieser den Besitzer der Anlage damit belasten darf.

§ 21.

Rechnungen.

Der Installateur hat auf Grund der Einheitspreise und der vorgenommenen Aufmessungen Rechnungen auszustellen, von denen Abschriften der Gesellschaft zur Prüfung einzureichen sind; für diese Rechnungen müssen ausschließlich die von der Gesellschaft vorgeschriebenen Rechnungsformulare benutzt werden.

Auf diese Weise müssen alle zu den elektrischen Anlagen gehörigen Lieferungen und Leistungen des Installateurs berechnet werden; ausgeschlossen sind nur Beleuchtungskörper, welche von den Konsumenten nach freiem Ermessen beschafft werden dürfen.

Die Preise für gelieferte Motoren und Zubehör sind lediglich für sich, d. h. getrennt von allen anderen Installationslieferungen und Arbeiten, in gesonderter Rechnung aufzugeben.

§ 22.

Aufhebung des Vertrages.

Falls der Installateur seinen Verpflichtungen laut diesem Vertrag (auch Einhaltung des Liefertermins) nicht nachkommt, ist die Gesellschaft, abgesehen von dem ihr nach § 3 zustehenden Rechte, von der Kaution des Installateurs Gebrauch zu machen, auch berechtigt, die Arbeiten von einer anderen Firma ausführen zu lassen; die hieraus entstehenden Mehrkosten gehen zu Lasten des Installateurs. Im Wiederholungsfalle ist die Gesellschaft berechtigt, den Vertrag aufzulösen; der Installateur ist dann verpflichtet, die bereits angefangenen Installationen zu vollenden; die von dem Installateur schon übernommenen, aber noch nicht angefangenen Aufträge werden in diesem Falle ungültig. Falls der Installateur die Interessen der Gesellschaft im allgemeinen gröblich verletzt, so hat der Vorstand der Gesellschaft das Recht, ohne Kündigung und nähere Begründung den Vertrag aufzuheben. Gegen letzteren Beschluß steht dem Installateur die Berufung beim Aufsichtsrat zu.

§ 23.

Schiedsgericht.

Meinungsverschiedenheiten oder Streitigkeiten zwischen der Gesellschaft und dem Installateur über die Auslegung und Erfüllung der Vertragsbestimmungen sollen, wenn eine gütliche Einigung nicht zustande kommt, einem Schiedsgericht unterbreitet werden, das aus zwei Sachverständigen gebildet wird, von denen der eine von der Gesellschaft, der andere von dem Installateur innerhalb 14 Tagen nach Aufforderung von einer Partei ernannt werden muß. Versäumt eine Partei die Frist, so steht der anderen die Wahl des zweiten Schiedsrichters zu.

Die beiden Sachverständigen wählen innerhalb 14 Tagen einen Obmann.

Kommt innerhalb dieser Frist eine Einigung über die Person des Obmannes nicht zustande, so ist der .... um Ernennung anzugehen.

Für das Verfahren vor dem Schiedsgericht gelten die Bestimmungen der Zivilprozeßordnung.

Jede Partei hat sich dem Urteil des Schiedsgerichts unbedingt zu unterwerfen.

Jede der beiden Parteien ist berechtigt, den ordentlichen Rechtsweg zu beschreiten, wenn der Schiedsspruch nicht innerhalb .... gefällt ist.

Die Kosten des Schiedsgerichts bestimmt dieses. Wird der ordentliche Rechtsweg betreten, so trägt derjenige Teil die Kosten des voraufgegangenen Schiedsgerichts, welcher im ordentlichen Verfahren unterliegt.

§ 24.

Erfüllungsort.

Erfüllungsort für beide Parteien ist ....

§ 25.

Stempel.

Die Stempel und Kosten dieses Vertrages trägt ....

Installationspreisliste

der Überlandzentrale ....

I. Hausanschlußsicherungen.

Die Preise verstehen sich für die fertig montierte und angeschlossene Hausanschlußsicherung einschl. des Wanddurchbruchs und der Einführungspfeife sowie des Anschließens an die Hausanschlußfreileitung.

1. Hausanschlußsicherung mit Nulleiter

a)	einpolig	bis	Amp.	.... M
b)	zweipolig	,, ...	,,	.... ,,
c)	dreipolig	,, ...	,,	.... ,,
d)	dreipolig	,, ...	,,	.... ,,

II. Verteilungssicherungen für Licht bei Anlagen mit 1 bis 3 Stromkreisen ohne Hauptschalter.

Als Verteilungssicherungen für 1, 2 oder 3 Stromkreise ohne Hauptschalter werden besondere Tafeln verwendet, die doppelpolig sichern, also 2, 4 oder 6 Einzelsicherungen enthalten und direkt an die Wand montiert werden können. Die Preise enthalten außer der Tafel die Montage nebst Anschluß der Leitungen, ferner Sicherungspatronen, Stöpselkopf und Paßschrauben.

2. Verteilungssicherungen

2.	a)	1 Stromkreis	Preis	.... M
	b)	2 Stromkreise		.... ,,
	c)	3 ,,		.... ,,

III. Schalt- und Verteilungstafeln.

Die Schalt- und Verteilungstafeln für sämtliche Kraft-Stromkreise sowie diejenigen für 4 und mehr Licht-Stromkreise bestehen aus weißem, poliertem Marmor mit Holzrahmen und je 2 Sicherungselementen für jeden Lichtstromkreis und je 3 Sicherungselementen für jeden Kraftstromkreis.

Hauptschalter werden nur auf Wunsch geliefert. Die Preise enthalten die Lieferung der vollständigen Tafeln mit Holzrahmen, Sicherungen und Patronen einschl. Anschlußklemmen und betriebsfertiger Montage nebst Anschluß der Leitungen.

Preise:

Nr.		Licht 2 polig	Kraft 3 polig			
		bis 25 Amp. a	bis 25 Amp. b	bis 60 Amp. c	bis 100 Amp. d	über 100 Amp. e
		M	M	M	M	M
3	Grundpreis pro Tafel für 1 Stromkreis . .	.....	.....	.....	.....	.....
4	Mehrpreis für jeden weiteren Stromkreis . .	.....	......	.....	.....	.....
5	Mehrpreis für einen Hauptschalter (bis 25 Amp. Dosen-, über 25 Amp. Hebelschalter)	.....	.....	.....	.....	.....
6	Mehrpreis für einen aperiodischen Stromzeiger (Motortafel)	.....	.....	.....	.....	.....
7	Preisermäßigung pro Licht- und Krafttafel bei Kombination beider Tafeln	.....	.....	.....	.....	.....

IV. Leitungsverlegung.

A. Pauschalberechnung.

Diese Einheitspreise gelten für die vollständige, nach den neuesten Vorschriften des Verbandes deutscher Elektrotechniker auszuführende Installation einer Brennstelle von der Verteilungstafel an einschl. Montage und sämtlicher Unkosten, einschl. eines Ausschalters, ausschließlich Beleuchtungskörper, jedoch einschl. Aufhängen derselben, bzw. für eine Brennstelle mit Wandanschluß ohne Schalter, unter der Voraussetzung, daß sich aus der Summe der nur einmal gemessenen Leitungswege von der Verteilungssicherung bis zu den Brennstellen, ausschl. der senkrechten Schalterleitungen, keine größere durchschnittliche Entfernung als 10 m pro Brennstelle ergibt.

Unter Brennstelle ist eine Leitungsstelle zu verstehen, an welcher ein Beleuchtungskörper mit beliebig viel Lampen angeschlossen werden kann. Die durchschnittliche Länge des Leitungsweges für eine Brennstelle ergibt sich durch Division der gesamten Länge der nur einmal gemessenen Leitungswege von der Verteilungstafel an (ausschl. senkrechter Schalterleitungen) durch die Zahl der Brennstellen.

Ergibt sich eine größere Durchschnittslänge pro Brennstelle als 10 m, so wird zunächst die Hof- und Freileitung bzw. ein Teil derselben als mehrverlegte Leitung angesehen. Nach Abzug der Hof- und Freileitungen wird die sich etwa noch ergebende durchschnittliche Mehrlänge pro Brennstelle, und zwar von der Brennstelle aus gemessen, verrechnet. Die Berechnung der Mehrlieferung erfolgt nach „Aufmaß".

Nr.	Räume	Verlegungsart	**Grundpreis** f. 1 Brennstelle 1—3 Lp.	**Grundpreis** f. 1 Brennstelle mit Wandanschl.	**Mehrpreis** f. 1 Brennstelle 4—10 Lp.	**Mehrpreis** f. 1 Brennstelle über 10 Lp.	**Mehrpreis** f. 1 Brennstelle mit Wechselschaltung	**Mehrpreis** f. 1 Brennstelle mit Gruppenschaltung
			a	b	c	d	e	f
			M	M	M	M	M	M
8	Trockene	G. A.-Leitg. in Isolierrohr mit verbl. Eisenmantel	...	...	...	...	...	...
9	Trockene	Messingmantel	...	...	...	...	...	...
10	Trockene	SA auf Rollen (Litze)	...	...	...	....	...	...
11	Trockene	Kuhlo-System	...	...	...	...	...	...
12	Trockene	G. A.-Leitg. unter Putz [1]). Isolierrohr mit verbl. Mantel mit eingelassenem Schalter und Glasplatte	...	...	...	...	...	...
13	Halbfeuchte	G.A.-Leitg. offen oder in verbl. Eisenr. verl. in halbfeucht. Räumen mit Schalter in gußeisernem Gehäuse	...	...	...	...	...	...
14	Feuchte	G. A.-Leitg. in Stahlpanzer-Rohr	...	...	...	...	...	...
15	Feuchte	Blanke verz. Leitg. auf Isol. od. säuref. isol. Leitg. auf Isol. bzw. auf Mantelr.	...	...	...	...	...	...

[1]) Für das Ausstemmen und Verputzen der Rohrkanäle ist seitens des Auftraggebers ein Maurer zu stellen.

B. Berechnung nach Aufmaß.

Die nachfolgenden Preise beziehen sich auf die Leitungsanlagen für Motoren, Hausanschlüsse, Zählerleitungen sowie die unter „Pauschalberechnung" sich ergebenden Mehrleitungen in Lichtanlagen.

Die Preise verstehen sich unter Zugrundelegung der neuesten Vorschriften des Verbandes deutscher Elektrotechniker einschließlich Lieferung aller Zubehörteile, wie Dosen, Muffen, Tüllen usw., sowie einschl. Löt-, Isolier- und Befestigungsmaterial. Ferner enthalten die Preise Fracht- und Verpackungskosten und betriebsfertige Montage einschl. aller Hilfsarbeiten sowie Zuschläge für Durchhang, Bruch und Verschnitt.

Gummiaderleitung in Isolierrohr mit verbl. Eisenmantel oder Messingmantel.

Nr.	Querschnitt in qmm		a 1,5 M	b 2,5 M	c 4 M	d 6 M	e 10 M	f 16 M	g 25 M	h 35 M
16	1 m Doppel-	Blei	....	....	....	....	....	....	....	....
17	leitung	Messing	....	....	....	....	....	....	....	....
18	1 m Dreifach-	Blei	....	....	....	....	....	....	....	....
19	leitung	Messing	....	....	....	....	....	....	....	....
20	Preis	Blei	....	....	....	....	....	....	....	....
21	für Nulleiter	Messing							....	....

Gummiaderleitung auf Rollen.

Nr.	Querschnitt in qmm	a 4 M	b 6 M	c 10 M	d 16 M	e 25 M
22	1 m Dreifachleitung	....	....	....	....	....
23	Preis für Nulleiter	....	....	....	....	....

Gummiaderlitze

Nr.	Querschnitt in qmm	auf Rollen		System Kuhlo	
		a 1,5 M	b 2,5 M	c 1,5 M	d 2,5 M
24	1 m Doppelleitung	.....	.....	.....	.....
25	1 m Dreifachleitung	.....	.....	.....	.....

Säurebeständige Leitung auf Mantelrollen und blanke verzinnte Leitung auf Isolatoren.

26. 1 m Doppelleitung 2,5 qmm auf Mantelrollen .... M 27. 1 m Dreifachleitung 2,5 qmm auf Mantelrollen .... M	säurebeständig.
28. 1 m Doppelleitung 4 qmm auf Isolatoren .... M 29. 1 m Dreifachleitung 4 qmm auf Isolatoren .... M	blank verzinnt.

Leitungen im Freien ausschl. Stützpunkte.

Nr.	Querschnitt in qmm	a 4 M	b 6 M	c 10 M	d 16 M	e 25 M
30	1 m Einfachleitung, blank	....	....	....	....	....
31	1 m Einfachleitung, wetterbeständig, isoliert	....	....	....	....	....

V. Einzellieferungen.

32. 1 Isolator Modell .... mit Stütze fertig montiert:
   a) an einem Hause .... M
   b) ,, ,, Eisengestänge .... ,,
   c) ,, ,, Holzmast .... ,,

33. 1 desgl. Modell .... mit Stütze fertig montiert
   a) an einem Hause .... M
   b) ,, ,, Eisengestänge .... ,,
   c) ,, ,, Holzmast .... ,,

34. 1 Krückenisolator mit Stütze fertig montiert:
   a) an einem Hause .... M
   b) ,, ,, Eisengestänge .... ,,
   c) ,, ,, Holzmast .... ,,

35. Eisenkonstruktionen, wie Dachständer, Isolatorenträger usw., fertig montiert, pro kg . . . . M

36. 1 Holzmast, imprägniert, mit kegelförmigem, geteertem Kopf, 9 m lang, 15—17 cm Zopfstärke, fertig aufgestellt .... M

37. 1 Drahtanker, 2 m lang, fertig angebracht . . . . M
   Mehrpreis für jeden weiteren laufenden Meter . . . . M

38. 1 dreipolige Steckdose für feuchte Räume bis .... Amp. mit Verschraubung fertig montiert . . . . M

39. 1 Wandanschluß für transportable Motoren, bestehend aus: . . . . .
1 dreipoligen Wandanschlußdose in Gußeisengehäuse mit Sicherungen, 3 m Gasrohr mit 3 Schellen, 1 dreiteiligen Einführung, 12 m wetterbeständiger isolierter Leitung
a) bis ..... PS Motorenleistung . . . . M
b) „ ..... PS „ .. . . M

40. 1 Zählertafel einschl. aller Befestigungsteile, fertig gebohrt, mit Rollen, Schrauben und Tüllen, fertig angebracht . . . . M

Preisliste

über gebräuchliche Motoren nebst Zubehör der Überlandzentrale

....

Die Preise der Motoren nebst Zubehör verstehen sich frei nächster Bahnstation sowie einschl. betriebsfertiger Aufstellung und Anschließung der Zuleitungen. Die Verpackung der Motoren nebst Zubehör wird nicht berechnet, doch müssen Kisten und Verpackungsmaterial frachtfrei an die Fabrik zurückgeschickt werden. (S. Tabelle S. 130 u. 131.)

Lieferungsbedingungen

der Überlandzentrale ....

1. Zulassung von Installationsfirmen.

Für die Installationsarbeiten im Gebiet der Überlandzentrale sind bis zum .... folgende Installationsfirmen zugelassen:

....

....

2. Kostenvoranschläge.

Jeder Installateur ist verpflichtet, denjenigen Einwohnern, welche die ernste Absicht haben, sich an das Leitungsnetz der Überlandzentrale anzuschließen, kostenlos und ohne Verbindlichkeit für den Interessenten, einen ausführlichen, den Vorschriften der Überlandzentrale entsprechenden Kostenanschlag über ihre Anlage auszuarbeiten.

3. Preise.

Für die vorkommenden Lieferungen und Arbeiten sind den Installationsfirmen Einheitspreise vorgeschrieben, welche von diesen nicht überschritten werden dürfen. Die Preislisten hierüber erhält jeder

Preisliste über gebräuchliche

a) 1500 Umdrehungen in der Minute

Leistung in PS	Type	Umdrehungszahl bei Vollast	Art des Läufers	Riemenscheibe	
				Durchmesser in mm	Breite in mm
0,5 [1])			Kurzschlußanker		
1 [1])			,,		
2 [1])			,,		
3 [1])			,,		
4			,,		
5			Schleifringanker		
6			,,		
7,5			,,		
9			,,		
10			,,		
12			,,		
15			,,		
20			,,		
25			,,		
30			,,		

b) 1000 Umdrehungen in der Minute

Leistung in PS	Type	Umdrehungszahl bei Vollast	Art des Läufers	Durchmesser in mm	Breite in mm
10			Schleifringanker		
12			,,		
15			,,		
20			,,		
25			,,		
30			,,		

c) 750 Umdrehungen in der Minute

Leistung in PS	Type	Umdrehungszahl bei Vollast	Art des Läufers	Durchmesser in mm	Breite in mm
10			Schleifringanker		
12			,,		
15			,,		
20			,,		
25			,,		
30			,,		

Für landwirtschaftliche Zwecke sind Motoren ohne Bürstenabhebevorrichtung ist dies bei der Bestellung ausdrücklich zu bemerken. Mehrpreis für die Bürsten-

Lieferfrist bis 10 PS ... Wochen, bis 15 PS

[1]) Falls mit Stern-Dreieck-Umschaltung gewünscht, tritt ein Mehrpreis von

[2]) Preise ohne Öl. Für fahrbare Motoren verdienen Anlasser mit Luftkühlung

---

Interessent kostenlos von den Installateuren; Beleuchtungskörper und Glühlampen können beliebig bezogen werden.

Mehr- oder Minderlieferungen kommen zu den abgeschlossenen Einheitspreisen der Hauptlieferung zur Verrechnung. Sämtliche Preise der Listen verstehen sich netto einschl. Fracht und Verpackung frei Verwendungsstelle (außer Motoren und Zubehör, deren Preise frei Bahn-

Motoren mit Zubehör.

bei Leerlauf. 50 Perioden. 210 Volt.

Motor	Preise in M: Verpackung (b. frachtfreier Rücksendung in gutem Zustande unentgeltl.)	Anlasser für Anlauf mit vollem Normalstrom: Luftkühlung	Anlasser für Anlauf mit vollem Normalstrom: Ölkühlung [2]	Stern-Dreieck-Umschalter	Spannschienen mit Verankerung: Größe	Spannschienen mit Verankerung: Preis	Leistung in PS
							0,5 [1]
							1 [1]
							2 [1]
							3 [1]
							4
							5
							6
							7,5
							9
							10
							12
							15
							20
							25
							30

bei Leerlauf. 50 Perioden. 210 Volt.

							10
							12
							15
							20
							25
							30

bei Leerlauf. 50 Perioden. 210 Volt.

							10
							12
							15
							20
							25
							30

zu empfehlen; falls eine solche für gewerbliche Zwecke besonders gewünscht wird, abhebevorrichtung ... M.

... Wochen, darüber ... Wochen.

... M ein.
unbedingt den Vorzug.

---

station gelten und deren Verpackung frachtfrei zurückzusenden oder zu bezahlen ist) sowie einschl. Montage mit Hilfsarbeiten. Über die Preise von solchen Motoren, welche nicht in der „Preisliste über gebräuchliche Motoren nebst Zubehör" enthalten sind, gibt die Überlandzentrale Auskunft.

4. Hilfsarbeiten.

In der Montage sind sämtliche Hilfs- und leichten Handwerkerarbeiten, wie Stemmen von Dübellöchern, Löcher für Konsolen sowie Mauer- und Deckendurchbrüche enthalten; ausgeschlossen sind Schlosser-, Schmiede-, Tischler- und Fundamentarbeiten.

5. Auftragsbestätigung.

Die Installateure sind verpflichtet, die ihnen erteilten Aufträge unverzüglich unter Nennung des Herrn, welcher den Auftrag entgegengenommen hat, in vollem Umfange zu bestätigen.

6. Lieferzeit.

Die Installateure sind verpflichtet, die ihnen übertragenen Installationen spätestens ...... Monate nach Auftragserteilung fertig zu stellen, falls nicht besondere Vereinbarungen getroffen sind, unter der Voraussetzung, daß die betreffende Gemeinde zur Installation freigegeben ist. Besondere Vereinbarungen müssen in der Auftragsbestätigung ausdrücklich erwähnt werden.

7. Aufmaß der Anlagen.

Diejenigen Lichtanlagen, bei welchen die durchschnittliche Länge der nur einmal gemessenen Leitungswege von der Verteilungstafel bis zu den Brennstellen (ausschl. senkrechter Schalterleitungen) mehr als 10 m für jede Lampe beträgt, sowie alle Motoranlagen, Hausanschlüsse und Zählerleitungen sollen, falls nicht anders vereinbart, behufs Rechnungslegung aufgemessen werden. Der Installateur hat dem Besitzer der Anlage rechtzeitig von dem Tage des Aufmaßes Mitteilung zu machen, damit dieser den Messungen beiwohnen kann.

8. Abnahme der Anlagen.

Die Inbetriebsetzung einer Anlage darf im allgemeinen erst nach ihrer Abnahme durch die Gesellschaft erfolgen; nur in besonderen Fällen kann sie von der Gesellschaft schon vor Abnahme der Anlage vorgenommen werden.

9. Rechnungen.

Die Rechnungen der Installateure sind ausschließlich auf den von der Gesellschaft vorgeschriebenen Formularen aufzustellen und der Gesellschaft zur Prüfung einzureichen. Es ist also darauf zu achten, daß die Rechnungen den Stempel der Gesellschaft tragen. Für die Lieferung von Motoren mit Zubehör werden stets besondere Rechnungen ausgefertigt.

10. Gewährleistung.

Die Installateure sind verpflichtet, alle Anlagen tadellos und streng nach den neuesten Vorschriften des Verbandes deutscher Elektrotechniker sowie der Feuerversicherungsgesellschaften und nach den Installationsvorschriften der Gesellschaft auszuführen. Außerdem ist der Installateur verpflichtet, für die Leitungsverlegung den zulässig kürzesten Weg zu wählen.

Für die Güte, Leistung und Haltbarkeit jeder einzelnen Anlage übernimmt der Installateur eine Garantie von einem Jahr, vom Tage der Abnahme der Anlage an gerechnet, und verpflichtet sich, alle im Laufe dieser Zeit entstehenden Fehler und Mängel der Anlage, soweit dieselben nicht auf natürlichen Verschleiß oder unsachgemäße Behandlung zurückzuführen sind, schnellstens kostenlos zu beseitigen.

11. Zahlungsbedingungen.

Als normale Zahlungsbedingungen gelten:

....

....

Die Aufforderung zur Zahlung ergeht durch die Installateure.

12. Beschwerden.

Alle Beschwerden über Installationsfirmen sind der Gesellschaft einzureichen, damit dieselbe rechtzeitig Abhilfe schaffen kann.

Überlandzentrale ....

Besondere Installationsvorschriften

über die Errichtung der Installationsanlagen, die an das Leitungsnetz der unterzeichneten Überlandzentrale angeschlossen werden.

Inhalt.

d) Leitungen in Ställen.
e) Leitungen im Freien.
f) Steigleitungen.
6. Spannungsverlust.
7. Schalter.
8. Motoranlagen.
9. Beleuchtungskörper.
10. Messungen.
11. Installationszeichnungen.

1. Vorbedingung.

Für alle im Auschluß an das Leitungsnetz der Überlandzentrale auszuführenden Installationen gelten in erster Linie die zur Zeit der Ausführung gültigen Sicherheitsvorschriften des Verbandes deutscher Elektrotechniker und der Feuerversicherungsgesellschaften.

2. Allgemeines.

a) Monteur-Personal.

Das zur Verwendung kommende Monteurpersonal soll fachmännisch gebildet sein und von den Installationsfirmen zu ordnungsmäßigem, fleißigem und anständigem Betragen angehalten werden.

b) Spannungen.

Für alle Motoren soll normal Drehstrom mit einer Spannung von ...... Volt Anwendung finden.

Heizkörper und Ventilatoren bis zu ...... Watt und alle Lampen erhalten Wechselstrom von .... Volt.

c) Hausanschlüsse.

Reine Motoranlagen erhalten Dreileiteranschluß.

Gemischte Motor- und Lichtanlagen erhalten Dreileiter-Anschluß mit Nulleiter.

Für reine Lichtanlagen kommen zur Anwendung:

bei ..... bis ..... Lampen Zweileiteranschluß (1 Außenleiter und Nulleiter)

bei ..... bis ..... Lampen Dreileiterhausanschluß (2 Außenleiter und Nulleiter)

bei mehr als ..... Lampen Vierleiterhausanschluß (3 Außenleiter und Nulleiter).

Bei allen Anlagen, für welche der Anschlußnehmer außer der Lichtschalttafel auch eine Kraftschalttafel für späteren Kraftanschluß bestellt, ist der kombinierte Licht- und Kraft-Hausanschluß vorzusehen.

3. Außergewöhnliche Anlagen.

Aufträge auf Anlagen mit einem Anschlußwert von mehr als ...... KW darf der Installateur nur nach eingeholtem Einverständnis der Gesellschaft annehmen.

4. Zähler und Sicherungen.

a) Zähler.

Der Aufstellungsort der Zähler wird von der Gesellschaft bestimmt; die Zähler sollen möglichst in der Nähe der Hausanschlußsicherung angebracht werden, müssen leicht zugänglich sein und ein bequemes Ablesen gestatten.

b) Sicherungen.

Die Hausanschlußsicherung soll dicht an der Einführungsstelle des Hausanschlusses angebracht werden.

Die Verteilungstafeln müssen mindestens 5 cm weit von der Wand entfernt und nach oben und den Seiten abgedeckt sein. Als Material für Verteilungstafeln ist nur Marmor oder Schiefer zulässig.

Bei mehr als einem Zähler sind unter Umständen außer der Hausanschlußsicherung noch Zählersicherungen vorzusehen.

5. Leitungsverlegung.

a) Allgemeine Bestimmungen.

Leitungen im Handbereich (bis 1,8 m über dem Fußboden) sind vor Berührung und mechanischer Beschädigung zu schützen.

Der geringste zulässige Leitungsquerschnitt in einer Anlage soll 1,5 qmm betragen. Für Leitungen „System Kuhlo" ist ausnahmsweise ein Mindestquerschnitt von 1 qmm zulässig.

Löt- und Verbindungsstellen sind stets von Zug zu entlasten. Rohrmontagen sind derart auszuführen, daß nach Verlegung der Rohre noch eine Auswechselung der Drähte möglich ist. Drahtverbindungen in Rohren sind verboten; in Dosen sind für die Drahtverbindung Abzweigscheiben zu verwenden.

In ein und derselben Anlage darf nur gleichartiges Installationsmaterial verwendet werden.

b) Trockene Räume.

Die Leitungsverlegung soll möglichst in Rohr ausgeführt werden; Litzen- und Rohrdrahtmontagen sind nur auf besonderen Wunsch der Interessenten zulässig.

Bei Rollenmontage sind die Drähte an den Bundstellen mit Isolierband zu umwickeln, sofern nicht isolierte Drähte als Bindedrähte benutzt werden.

Bei Litzenmontage sind an den Kontaktenden die einzelnen Litzendrähte jedes Leiters miteinander zu verlöten.

c) Feuchte Räume.

In feuchten Räumen sind Drähte mit Gummiaderisolation von mindestens 4 qmm auf Isolatoren oder mindestens 2,5 qmm auf großen Mantelrollen zu verlegen.

Schalterleitungen sind auf Nasenisolatoren frei zu spannen. Bei Decken- und Wanddurchführungen sind die Leitungen entweder frei zu spannen, oder es ist (bei Zweileiteranlagen) für jeden Draht ein besonderes Rohr mit Porzellaneinführung zu verwenden.

Sämtliche Einführungen sind im Innern hohlkegelförmig abzudichten. Als Bindedraht ist nur säurebeständige, isolierte Leitung zulässig.

Löt- und Verbindungsstellen sind mit Paragummi- und Isolierband zu umwickeln.

d) Leitungen in Ställen.

Es empfiehlt sich, die Leitungen, soweit als möglich, außerhalb der Stallräume zu verlegen. Die Leitungsstrecken in den Ställen sind mit blanken verzinnten Drähten von mindestens 4 qmm Querschnitt auf Isolatoren auszuführen. Die blanken Drähte sind mit Emaillelack gut deckend zu streichen. In niedrigen Ställen (unter 2,50 m) ist ausnahmsweise die Verlegung von Gummiaderdrähten in Stahlpanzerrohr zulässig.

Alle Eisenteile müssen mit einem besonderen Ölfarbenanstrich versehen werden.

e) Leitungen im Freien.

Für alle Freileitungen im Anschluß an die Hausinstallationen (Hofleitungen usw.) sind Drähte mit wetterbeständiger Isolation zu verwenden.

Wird in Höfen von dem Anschlußnehmer ausdrücklich blanke Leitung verlangt, so ist dies in der Auftragsbestätigung zu vermerken.

Als weitere Verlegungsart ist nur Gummiaderleitung in Stahlpanzerrohr zulässig, das sofort nach Verlegung angestrichen werden muß.

f) Steigleitungen.

Alle Steigleitungen sind möglichst innerhalb der Häuser zu verlegen. Soweit dieselben mechanischen Beschädigungen ausgesetzt sind, ist Stahlpanzerrohr zu verwenden.

Bei Deckendurchführungen sind die Rohre noch besonders zu schützen.

6. Spannungsverlust.

Die Querschnitte der Leitungen sollen derart bemessen sein, daß an den Brennstellen der Spannungsabfall von der Hauseinführungsstelle bis zur letzten Lampe bei Vollbelastung nicht über ...... Volt steigt, und bei Kraftanlagen der Anlaufstärke Rechnung getragen ist.

7. Schalter.

Einpolige Schalter sind stets in den Außenleiter zu legen; Schalter für weniger als 4 Amp. Stromstärke sind unzulässig.

Stromkreise, welche nach feuchten Räumen führen, müssen leicht abtrennbar sein, andernfalls sind die fraglichen Brennstellen doppelpolig ausschaltbar anzuordnen.

Schalter in Ställen sind mindestens 1,8 m über Fußboden anzubringen.

8. Motoranlagen.

Motoren bis zu .... PS erhalten Kurzschlußanker und dreipoligen Ausschalter.

Motoren von ..... bis ...... PS einschl. können Kurzschlußanker mit Sterndreieckumschaltung oder Gegenschaltung erhalten.

Motoren über ...... PS erhalten Schleifringanker und Anlasser.

Sicherungen und Ausschalter sind für das 1,5 fache des Normalstromes in den Primärwickelungen des Motors zu bemessen; besondere Ausschalter sind erforderlich, wenn der Anlaßapparat nicht selbst den Motor allpolig vom Netz abschaltet.

Die stromführenden Teile von Anlassern und Widerständen müssen feuersicher abgedeckt und freistehend auf feuersicherer Unterlage, genügend weit entfernt von brennbaren Stoffen, angebracht werden.

9. Beleuchtungskörper.

In Räumen, in welchen entzündliche Stoffe lagern, müssen die Glühlampen mit einer Schutzhülle umgeben sein.

Schnurpendel müssen mit Traglitze versehen sein.

In feuchten Räumen und Ställen müssen die Beleuchtungskörper isoliert angebracht und die Lampendrähte mit der Zuleitung verlötet werden. Die Einführungsstellen sind abzudichten.

10. Messungen.

Isolationsmessungen sind tunlichst mit der Betriebsspannung, mindestens aber mit 100 Volt auszuführen.

Der Isolationswiderstand einer Anlage mit Ausnahme von Freileitungen und feuchten Räumen soll mindestens .... Ohm pro Stromkreis betragen.

11. Installationszeichnungen.

Die Installationszeichnungen und Schaltungsschemata müssen auf Grundformat von 30 mal 40 cm mit möglichst normalem Maßstab angefertigt werden.

Entwurf einer Installationsrechnung.

Überlandzentrale:	Ausführende Installationsfirma:
....	....

Installationsrechnung Nr. ....

für ....

Die Installation umfaßt:

a) .... Brennstellen mit .... Lampen bei ..... m Gesamtleitungsweg ausschl. der senkrechten Schalterleitungen;

b) ...... Motoren von zusammen ..... PS.

c) Die Entfernung zwischen Hausanschluß und Zähler beträgt .... m bei einem Querschnitt von ...... qmm.

Stückzahl	Gegenstand	Preis-listen-Nr.	Einheits-preis M	Gesamt-preis M
	A. Hausanschluß.			
....	Hausanschlußsicherung ....polig, mit Nulleiter, einschl. Patronen für .... Amp.			
....	Zählerbrett			
....	m .... Leitung .... verlegt, ... qmm Querschnitt			
	B. Schalt- und Verteilungstafeln.			
....	Verteilungstafel für .... Stromkreise ...			
	do.			
....	für .... Stromkreise ...			
	Mehrpreis für			

C. Pauschalberechnung.

Nr. der Preisliste	Art der Räume	Verlegungsart	Zahl der Brennstellen a mit Schalter	Zahl der Brennstellen b mit Wand-anschl.	Zahl der Mehrpreise für Brennstellen c mit 4—10 Lampen	d mit mehr als 10 Lampen	e mit Wechsel-schaltung	mit Gruppen-schaltung
8	Trockene	G.-A.-Leitung in Isolierrohr mit verbl. Eisenmantel						
9		m. Messingmantel						
10		S.-A. (Litze) auf Rollen						
11		Kuhlo-System						
12		G.-A.-Leitung unter Putz. Isolierrohr m. verbl. Eisenmantel m. eingelass. Schalter u. Glasplatte						
13	Halbfeuchte	Ltg. auf Rollen od. in Rohr mit Schalter in gußeisern. Gehäuse						
14	Feuchte	G.-A.-Leitung in Stahlpanzerrohr						
15		Blaue verzinnte Ltg. auf Isolatoren od. säurefeste isol. Ltg. auf Isolatoren bzw. Mantelroll.						

Nr.	Zahl	Einheitspreis laut Preisliste M	Gesamtpreis M
8 a	....	....	....
b	....	....	....
c	....	....	....
d	....	....	....
e	....	....	....
f	....	....	....
9 a	....	....	....
b	....	....	....
10 a	....	....	....
b	....	....	....
c	....	....	....
d	....	....	....
e	....	....	....
f	....	....	....
		usw.	

D. Berechnung nach Aufmaß.

Stückzahl	Gegenstand	Preislisten Nr.	Einheitspreis M	Gesamtpreis M
....	m Leitung, ... fach, von ...... qmm Querschnitt, ...	.....	....	....
....	m Leitung, ... fach, von ...... qmm Querschnitt, ...	.....	....	....
....	Isolatoren, Modell			
....	kg Eisenkonstruktionen			
....	Holzmaste			
	usw.			

E. Beleuchtungskörper.

Zusammenstellung:

A. Hausanschluß . . . . M
B. Schalt- und Verteilungstafeln . . . . „
C. Pauschalberechnung . . . . „
D. Berechnung nach Aufmaß . . . . „
E. Beleuchtungskörper . . . . „

Rechnungsbetrag: ...... M

Zum Schluß mag noch eine Rechnungsmethode angegeben werden, nach der sich leicht ein Urteil darüber gewinnen läßt, ob der Anschluß einer bestimmten Ortschaft in Überlandzentralen wirtschaftlich ist.

Diese Methode ist nachstehend für Leitungsüberlandzentralen durchgeführt, läßt sich jedoch mit einer den jeweiligen Verhältnissen entsprechenden Korrektur der Rechnungsfaktoren auch ohne weiteres auf Überlandzentralen mit eigener Kraftstation anwenden.

Die Methode besteht darin, daß man einheitlich einen gewissen Prozentsatz der Ortsanlagekosten (Ortsleitungsnetz und Transformatorenstation) als wirtschaftlichen Mindestbetrag für die Bruttoeinnahmen aus jedem Ort zur Bedingung macht.

Dieser Prozentsatz, den man als Rentabilitätsfaktor eines Ortes bezeichnen kann, beträgt nach den Erfahrungen bei normalen Verhältnissen 22,5% für Leitungsüberlandzentralen. Demgemäß haben die Leitungsgesellschaften vor Ausbau eines jeden Ortes zu prüfen, ob für Licht- und Kraftstrom 22,5 % der Anlagekosten für das Leitungsnetz des Ortes nebst Transformatorenstation einkommen werden.

Der angegebene Rentabilitätsfaktor berücksichtigt alle Selbstkosten, die der Gesellschaft durch den Betrieb und die Unterhaltung der Überlandzentrale erwachsen, außer der Verzinsung des eigenen Kapitals, welches zu $1/3$ des Gesamtanlagekapitals angenommen ist. Wenn auch die Verzinsung des eigenen Kapitals (4 %) erreicht werden soll, so muß die Bruttoeinnahme etwa 25 % der Kosten für Ortsanlagen (Ortsleitungsnetz und Transformatorenstation) betragen.

Im nachfolgenden soll gezeigt werden, wie mit Hilfe des Rentabilitätsfaktors die Kalkulation von Ortsanlagen hinsichtlich ihrer Wirtschaftlichkeit zweckmäßig vorzunehmen ist.

Um die Rechnung zu erleichtern, können für die jährlichen Brutto-Einnahmen pro angemeldete Lampe bzw. Pferdestärke folgende durch vorsichtige Ermittlungen festgestellten Einheiten pro Jahr angesetzt werden.

a) Landwirtschaft:

pro Lampe. . . . . 2,50 M pro Jahr
,, Pferdestärke . . . . 25,00 ,, ,, ,,

b) Kleingewerbe:

pro Lampe. . . . . 3,50 M pro Jahr
,, Pferdestärke . . . . 35,00 ,, ,, ,,

Beispiel:

Wenn in dem Ort X angemeldet sind:

Von der Landwirtschaft:

500 Lampen
50 Pferdestärken;

von Kleingewerbebetrieben:

30 Lampen,
10 Pferdestärken,

so ist an Einnahme zu erwarten:

aus der Landwirtschaft:

für Licht 500 . 2,50 = 1250,00 M
,, Kraft 50 . 25,00 = 1250,00 M

aus Kleingewerbebetrieben:

für Licht 30 . 3,50 = 105,00 M
für Kraft 10 . 35,00 = 350,00 M

Sa. 2955,00 M

Die Kosten des Ortsleitungsnetzes lassen sich nach den Leitungsplänen mit Hilfe der Einheitspreise, ebenso auch die Anlagekosten für die Transformatorenstation leicht ermitteln.

In vorstehendem Beispiel soll das Leitungsnetz nebst Transformatorenstation des Ortes: 13000 M kosten; der Rentabilitätsfaktor beträgt dann:

$$\frac{2955 \,.\, 100}{13\,000} = 22{,}7 \text{ Prozent.}$$

Die unterste Grenze ist also in diesem Beispiel erreicht, jedoch eine Verzinsung des eigenen Kapitals nach dem augenblicklichen Stand der Konsumanmeldungen nicht zu erwarten.

Bedingung für den Anschluß einer Ortschaft muß dabei stets sein, daß sich das Verhältnis des eigenen Kapitals zum Gesamtkapital, durch Hinzunahme des Ortes nicht verringert.

Falls der Mindestprozentsatz laut vorstehender Rechnung nicht erreicht wird, bleibt allerdings noch zu überlegen, ob sich die Anlagekosten auf irgend eine Weise verringern lassen, und um wieviel der Konsum in Zukunft größer werden kann. Jedenfalls läßt sich durch vorstehende Kalkulation erreichen, daß die unrentablen Ortschaften von dem Ausbau der Überlandzentrale ausgeschlossen werden.

Fünftes Kapitel.

Literaturnachweis.

Benetsch, Arm., Ingenieur. „Welche Kosten erwachsen dem Landwirt durch die Einführung elektrischer Beleuchtung und Kraft in seiner Wirtschaft?" Deutsche Landwirtschaftliche Presse Nr. 89, 9. Nov. 1910. (Verlag: Paul Parey, Berlin.)

Berg, Generalsekretär. „Die Elektrizität in Badischen Landgemeinden." Deutsche Landwirtschaftliche Genossenschaftspresse 1910, Nr. 12, S. 278. (Verlag: Reichsverband, Darmstadt.)

Brutschke, Fr., Ingenieur, Berlin-Zehlendorf. „Der elektrische Pflug in Überlandzentralen." Deutsche Landwirtschaftliche Presse 29, Mai 1909. Nr. 43. (Verlag: Paul Parey, Berlin.)

— „Der Einfluß des elektrischen Pfluges auf Anlage- und Betriebskosten von Überlandzentralen." Mitteilungen der Deutschen Landwirtschafts-Gesellschaft, 23. Jan. 1909, Stück 4. (Herausgeber: Deutsche Landwirtschafts-Gesellschaft, Berlin.)

— „Was ist bei der Projektierung von Überlandzentralen zu beachten?" Mitteilungen der Deutschen Landwirtschafts-Gesellschaft, 9. April 1910, Stück 15. (Herausgeber: Deutsche Landwirtschafts-Gesellschaft, Berlin.)

Bussen, Generalsekretär, Hannover. „Die Beschaffung von Elektrizität durch genossenschaftliche Organisationen." Deutsche Landwirtschaftliche Genossenschafts-Presse, 37. Jahrgang, 15. März 1910, Nr. 5 und 6. (Verlag: Reichsverband, Darmstadt.)

Eberle, Dr., Bürgermeister. „Zur Frage der Überlandzentralen." Sächsisches Verwaltungsblatt (Kgr. Sachsen) Nr. 5, 29. Jan. 1910. (Verlag: W. H. Möller in Nossen.)

Fuhrmann, W. „Die Elektrizität in der Landwirtschaft." (Verlag: M. Jänicke, Hannover 1909.)

Gartz, A. „Entwicklung und bisherige Ergebnisse der Elektrizitäts-Genossenschaften auf Grund einer volkswirtschaftlichen Studie an der Handelshochschule in Berlin." Elektrotechnische Zeitschrift 1910, Heft 21, S. 546. (Verlag: J. Springer, Berlin.)

Graef, Carl Fr., Gutsbesitzer in Monsheim. „Erfahrungen bei der Anwendung der Elektrizität im landwirtschaftlichen Betriebe." (Gedruckt bei H. Fischer, Worms.)

Haas, Dr. „Was hat die Elektrotechnik von der Landwirtschaft zu erwarten?" Elektrotechnische Zeitschrift 1902, Heft 34, S. 771. (Verlag: J. Springer, Berlin.)

Kolbert, Direktor. „Gaswerk und Überlandzentrale." „Technik und Wirtschaft", Monatsschrift des Vereins deutscher Ingenieure 1910, Heft 10, S. 597. (Verlag: J. Springer, Berlin.)

Krohne, Kurt, Ingenieur. „Die erweiterte Anwendung des elektrischen Betriebes in der Landwirtschaft.“ Elektrotechnische Zeitschrift 1908, Heft 39 ff., S. 928 u. ff. (Verlag: J. Springer, Berlin.)

— „Angaben über den elektrischen Betrieb in der Landwirtschaft.“ Elektrotechnische Zeitschrift 1911, Heft 4, S. 89. (Verlag: J. Springer, Berlin.)

— „Über den Wert der Überlandzentralen für die Landwirtschaft.“ Elektrotechnische Zeitschrift 1910, Heft 41, S. 1253. (Verlag: J. Springer, Berlin.)

Langlotz, K. Bauamtsassessor. „Die ländlichen Elektrizitätswerke und Überlandzentralen in Bayern.“ Bayerisches Industrie- und Gewerbeblatt Nr. 17, 1910. (München, Polytechnischer Verein.)

Lehmann-Richter, Dr. E. W. „Elektrische Kraft- und Lichtanlagen in der Landwirtschaft mit Berücksichtigung der neuen Anlage auf Rittergut Libnitz auf Rügen.“ Elektrotechnische Zeitschrift 1907, Heft 43, S. 1027. (Verlag: J. Springer, Berlin.)

Lewin, Oberingenieur. „Der elektrische Kraftbetrieb in der Landwirtschaft.“ A. E. G.-Vorträge, März 1909. (Als Broschüre erschienen im Selbstverlag der Allgemeinen Elektrizitäts-Gesellschaft, Berlin.)

Lüdicke, Prof. Dr. „Die Anwendung der Elektrizität in der Landwirtschaft.“ Vortrag, gehalten im Vortragszyklus der Landwirtschaftskammer zu Breslau, Januar 1909. Fühlings Landwirtschaftliche Zeitung, 58. Jahrgang, Heft 14. (Verlag: Eug. Ulmer, Stuttgart.)

Marx, Dr., Karlsruhe. „Genossenschaftliche Überlandzentralen.“ Elektrotechnische Zeitschrift 1910, Heft 20, S. 505. (Verlag: J. Springer, Berlin.)

Meier, R., Dipl.-Ing. „Die Rentabilität von Überlandzentralen.“ Elektrotechnische Zeitschrift 1910, Heft 24, S. 605. (Verlag: J. Springer, Berlin.)

v. Nathusius, S., Hundisburg. „Elektrisches Pflügen.“ Deutsche Landwirtschaftliche Presse, 36. Jahrgang, Nr. 95, 27. Nov. 1909. (Verlag: Paul Parey, Berlin.)

Petri, O. „Wirtschaftliche Bedeutung großer Überlandzentralen für die Entwicklung des Kleinbahnwesens.“ Vortrag gehalten auf dem XV. internationalen Straßenbahn- und Kleinbahn-Kongreß in München. September 1908. Siehe Elektrotechnische Zeitschrift 1909, Heft 1, S. 17. (Verlag: J. Springer, Berlin.)

Porsch, K., Oberingenieur, Berlin. „Der Elektropflug nach dem Zweimaschinensystem.“ Elektrischer Kraftbetrieb und Bahnen 1910, Heft 28, S. 565. (Verlag: R. Oldenburg, München.)

Provinzialverband schlesischer landwirtschaftlicher Genossenschaften, e. V. Breslau II, Ernststr. 10. „Die Anwendung der Elektrizität in der Landwirtschaft.“

v. Puttkamer, Landrat. „Die Überlandzentralen und ihr Nutzen für die Landwirtschaft.“ Kreis- und Gemeindeverwaltung, Nr. 5, Berlin, 15. Mai 1910. (Verlag: Deutsche Landbuchhandlung, Berlin.)

Rabe, Dr., Ökonomierat, und Vietze, Dipl.-Ing., Oberingenieur. „Ist die Einführung der elektrischen Kraft auf dem platten Lande zu unterstützen, und welche Mittel und Wege sind dabei ins Auge zu fassen?“ 2 Vorträge, gehalten 27. Mai 1909 in der Hauptversammlung des Landwirtschaftlichen Kreisvereins in Dresden. Sächsische Landwirtschaftliche Zeitschrift 1909, Nr. 31 u. 32.

Reinhardt, Dr., Generalsekretär. „Die wirtschaftlichen Voraussetzungen, Erfolge und Organisation der Elektrizitätsversorgung in ländlichen Bezirken.“ Vortrag gehalten am XXVI. deutschen landwirtschaftlichen Genossenschaftstage zu Koblenz am 7. Juli 1910. Deutsche landwirtschaftliche Genossenschaftspresse Nr. 15, Jahrgang 37. (Verlag: Reichsverband, Darmstadt.)

Strahl, Landrat, Petersen, Ingenieur, Hansen, Prof. Dr. „Drei Vorträge über die Anwendung der Elektrizität auf dem Lande." Bonn 1909. Veröffentlichungen der Landwirtschaftskammer für die Rheinprovinz 1909, Nr. 3. (Verlag der Landwirtschaftskammer für die Rheinprovinz.)

Suhge, W., Ingenieur. „Der Elektromotor im Kleinbetriebe." Elektrotechnische Zeitschrift 1909, Heft 7, S. 152. (Verlag: J. Springer, Berlin.)

Thierbach, Dr., Köln-Bodenkirchen. „Gemeinde-Verwaltungen und Elektrizitätsversorgungen." Rhein. Westfäl. Gemeinde-Zeitung 1909, Nr. 1—3.

— „Die wirtschaftliche Bedeutung der Versorgung ländlicher Bezirke mit billiger elektrischer Energie." Kreis- und Gemeinde-Verwaltung 1908, Nr. 10 und 11. (Verlag: Deutsche Landbuchhandlung, Berlin.)

Vereinigung der Kleingasmotoren-Fabrikanten (Charlottenburg, Grolmanstraße 12). „Zur Frage der Berechtigung der Überlandzentralen."

Verhandlungen der Konferenz zur Beratung über den gemeinsamen Bau und Betrieb von Überlandzentralen in den Provinzen Pommern und Westpreußen in Danzig am 18. Dez. 1909. Als Broschüre zu beziehen durch Herrn Landrat v. Puttkammer in Tuchel.

Vietze, A., Dipl.-Ing., Oberingenieur zu Halle a. S. „Die Überlandzentralen und die Stellung der Gemeinden." Elektrotechnische Zeitschrift 1909, Heft 34, S. 809. (Verlag: J. Springer, Berlin.)

— „Ein neuer Stromtarif für genossenschaftliche Überlandzentralen." Elektrotechnische Zeitschrift 1909, Heft 45, S. 1061. (Verlag: J. Springer, Berlin.)

— „Die genossenschaftlichen Überlandzentralen." Elektrotechnische Zeitschrift 1910, Heft 26, S. 651. (Verlag: J. Springer, Berlin.)

Wallem, Harald. „Die Elektrizität in der Landwirtschaft und deren Beziehung zu den Überlandzentralen." Elektrotechnische Zeitschrift 1910, Heft 27 u. ff., S. 671. (Verlag: J. Springer, Berlin.) Dasselbe in Buchform, erschienen bei J. Springer, Berlin.

Wolff, Dr. L. C., Magdeburg. „Elektrizität in der Landwirtschaft." Erweiterter und verbesserter Abdruck eines Vortrages, gehalten im Landwirtschaftlichen Verein zu Eisenberg. Deutsche Landwirtschaftliche Presse 1907, Nr. 47, 48, 50, 51 und 52. (Verlag: Paul Parey, Berlin.)

— „Der Landwirt und die Überlandzentrale". Der rechnende Landwirt, Oktb. 1910, Heft 10. (Landwirtschaftlicher Verlag Ceres, Groß-Lichterfelde-West.)

Druck der Universitäts-Buchdruckerei von Gustav Schade (Otto Francke)
Berlin und Fürstenwalde (Spree).